最新 ウイスキーの科学

熟成の香味を生む驚きのプロセス

古賀邦正 著

ブルーバックス

本書は２００９年11月20日刊行のブルーバックス『ウイスキーの科学』（古賀邦正著）に、その後の研究成果を盛り込んで増補改訂したものです。

●カバー装幀／芦澤泰偉・児崎雅淑
●カバー写真／Helen Cathcart / gettyimages
●本文デザイン／土方芳枝
●本文図版／さくら工芸社

はじめに

何やら、ウイスキーの周辺が騒がしい。

たとえば最近、日本産のウイスキーすなわちジャパニーズの人気が、国内のみならず国外でも高まっているということをよく耳にする。ジャパニーズに対する国際的な高評価は２００３年、世界的に名の通ったコンペティションでの「山崎12年」の金賞受賞に始まっているが、以後も年々、最高賞のトロフィーや金賞を受賞するメーカーや銘柄が増えており、いまやジャパニーズは世界でも確かな信頼を勝ち得ている。「ウイスキー五大国」といわれるようにウイスキーの主要生産国（地域）はスコットランド、アイルランド、アメリカ、カナダ、日本だが、先輩格にあたる他の国々もいま、ジャパニーズの動きに少なからず触発されているようなのだ。

ジャパニーズが現在のような活況を呈するまでには、激動の歴史があった。１９２９年に最初の国産ウイスキーが誕生して以来、上り調子一本だった市場は、１９８３年頃を境に突然、縮小に転じた。その縮小ぶりは半端ではなかった。なんと四半世紀にもわたって続いたのである。それが２００８年、ようやく上向きに転じると、２０１５年頃には大ブームが訪れた。その理由としてはハイボール人気の再燃や、テレビドラマ「マッサン」の影響もあっただろうけど、結局、ウイスキーの魅力、とくにジャパニーズの品質のよさが再認識されたことが大きいのではないかと思っている。

考えてみれば、いま国際的に高評価を受けているジャパニーズの多くは、市場縮小の逆風のなかで造られたものだ。先細る一方のマーケットを横目に、丁寧に時間をかけてウイスキーを造り、育てつづけた人々がいた証が、トロフィーであり、金賞なのだ。そして、その品質の高さを認めたのは海外のウイスキー関係者だった。ウイスキー造りには国境を超えたすばらしさがある。

本書はウイスキーがどのようにしてこの世に生まれて、なぜ魅力的な香味を放っているのか、そして私たちに何を語りかけているのか、を主題としている。そのこと自体は、8年前に著した『ウイスキーの科学』とあまり変わっていないが、内容は相当変えさせていただいた。というのも、最近のウイスキー人気の再燃は奇《く》しくも、8年前に同書を上梓した直後に始まったからだ。いまやウイスキーをめぐる状況は、一変した。そのことが私に、新たに本書を世に出すエネルギーを注入してくれたような気もしている。

本書の構成は、大きく3つに分かれている。第Ⅰ部の「ウイスキーのプロフィール」で、まずウイスキーについての基本的な理解を深めていただく。穀物の蒸留酒のひとつであるウイスキーがどのようにして生まれ、なぜオーク樽に貯蔵されるようになったのか、に始まり、「五大ウイスキー」にはそれぞれどのような特徴があるのか、そしてどんな銘柄に人気があるのかも知っていただく。最近の健闘ぶりが目ざましいジャパニーズには、とくにご注目をお願いしたい。

第Ⅱ部の「ウイスキーの少年時代」では、ウイスキー造りの工程について紹介する。

ウイスキーは製麦・仕込み・発酵・蒸留・貯蔵・ブレンド・後熟という多岐にわたる工程を経て、製品のもとになる原酒が造られている。なかでも貯蔵は、たとえば10年貯蔵の原酒の場合、製造期間のなんと99％までを占めている。貯蔵の期間は、熟成が進み、原酒の品質が格段に向上する、ウイスキーにとって最も磨きがかかる時期だ。

しかし、単に貯蔵期間が長いだけでは、けっしてよい原酒にはならない。よい原酒を得るには、貯蔵前の蒸留液（ニューポットという）が豊かでしっかりした品質でなければならない。存在感のあるニューポットでないと、長い貯蔵に負けてしまうのだ。そのために製麦から蒸留までの諸工程で凝らされた、人智を尽くした工夫の面白さを、ぜひ味わっていただきたい。

「なにも足さない。なにも引かない。」というキャッチコピーもあったように、ウイスキーは正直な酒だ。正直な酒の製造工程は、伝統を重んじるがゆえに、科学的常識の理解を超えることもある。しかし、ときとしてそれが、現代科学の最先端につながることもある。

たとえばスコッチやジャパニーズは発酵という工程で、ウイスキー酵母とエール酵母（エールビールの発酵に使う酵母）の2種類を用いて混合発酵する。なぜ、わざわざ2種類の酵母を用いるのかは、長年の謎であった。やがて、混合発酵するとエール酵母は自分の細胞内に「液胞」という組織を作って栄養をため込み、飢餓状態に陥っても寿命が延びることがわかった。その結果、「豊かな発酵」が進行し、香味豊かで存在感のあるニューポットがもたらされていたのだ。

さらに、酵母が作るこの液胞そのものに興味を持った研究者がいた。彼は飢餓状態における酵母の液胞の役割を突きとめ、その現象を「オートファジー」と呼んだ。そして、オートファジーはヒトの細胞でも見られ、さまざまな局面で有用な機能をはたしていることを明らかにした。この業績によって、彼、大隅良典博士は2016年のノーベル生理学・医学賞を授与された。液胞は旨いウイスキー造りと同時に、ヒトの健康維持にも役立っているのだ。

私自身は若い頃に10年ほど、ウイスキーの熟成研究に取り組んだ。そのとき、ウイスキーの製造工程が実に精妙なものであることを初めて知った。また、ウイスキーの製造装置は実に無駄がなく、美しい姿形をしていることに驚かされた。そして清潔な環境のもと、整然と働く蒸留所の人たちの姿にも心打たれた。美酒とは、美しい道具や場所、人によって造られるのだと感じ入ったものだった。その思いも込めて、ウイスキー造りの工程の面白さとすばらしさをお伝えしたい。

第Ⅲ部は本書のメインテーマともいえる「熟成の科学」である。

確かな存在感は備えてはいるけれど、まだ荒々しい若武者のようなニューポットが、樽という小宇宙の中で、どのようにして香味という「美徳」を身につけ、まろやかなウイスキーに育つのかをみていく。

主要な香味成分がどのようにしてできてくるのか。その由来や熟成反応は、おそらく読者にとってかなり意外なものであろう。「美徳の味」の形成はウイスキー熟成の本丸ともいえるところだが、実はいまだにわからないことが多い。そもそも、ウイスキーの味そのものが、曖昧でつかみどころがないのだ。この「味」を生みだすうえで、水とエタノールがおりなすさまざまな、特異的な振る舞いが大きく寄与していることがわかってきた。従来は、エタノールの分子構造があまりにも単純であるため、この物質がウイスキーに多様な表情をもたらしているとは考えにくかったかもしれない。しかし、これこそが最も興味深いテーマであり、そこには実に不思議なからくりが潜んでいたのだ。

私はウイスキー研究を離れたあと、30年ほど食品の機能性の研究開発に取り組んだ。その間も、ウイスキー熟成の研究で得た知識と経験は少なからず役立った。そこで今度は、機能性研究で得た知見も交えて、最近の報告も参考にしながら、ウイスキー熟成と香味の不思議さについて知恵を絞ってみようと思った次第である。

先人・諸先輩による多くの研究成果と、現代科学の最先端の内容が盛り込まれた本書によって、ウイスキーという酒の美しさ、面白さにお気づきいただければ、このうえない喜びである。

第Ⅰ部 ウイスキーのプロフィール

第1章

それは偶然から始まった

錬金術と密造が拓いた歴史

失われない尊厳

ウイスキーは、気になる酒だ。いつも気にしているわけではないのだが、ウイスキーを目にすると、何となく気になってしまう。「おや、お元気ですか?」とか、「その後、お変わりありませんか?」とか、「また、お会いしましたね」とか、こちらから声をかけたくなる。私にとってウイスキーは、語りかけてくる酒ではない。こちらから語りかけたくなる酒なのだ。

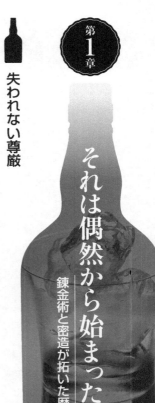

それは、ウイスキーに不思議な魅力があるからだ。もちろん、ラベルのついたボトルに入っているウイスキーの重厚なたたずまいも魅力的だが、本当の魅力は、ボトルから解き放たれたあとの姿にある。

たとえば、ショットグラスに静かにウイスキーを注ぐ。静かではあるが、確かな存在感のあるその姿を眺めているだけで、やがて私は何となく、ウイスキーに語りかけている。そうさせる力が、ウイスキーにはある。

ウイスキーのこの不思議な魅力に気づいたのは、「飲みかけの酒」に興味を持ったときだった。どんな酒にも、器に注いだときは、輝きに満ちた存在感がある。その尊厳はどの段階で失われるのか、について興味を持ったことがあり、グラスの半分だけ飲んだあとに新たな眼で、それぞれの酒のたたずまいを比較してみたのだ。

残念ながらほとんどの酒は、うまさは保持していても、輝きに満ちた尊厳は消え、飲み手の所有物としておとなしく存在するだけの飲み物に姿を変えてしまった。いわば、ただの「飲みかけの酒」でしかなかった。

ところが、ウイスキーは違った。ショットグラスに半分残ったウイスキーは、「飲みかけの酒」ではなかった。注いだ瞬間と変わらぬ輝きをいささかも失わず、堂々と飲み手と対峙していた。静かではあるが、感服せざるを得ない、確かな存在感がそこにはあった。

かたちを見ようとしても見えない、重さを量《はか》ろうとしても量れない、この手につかもうとしてもつかめない、だけど確かにそれは存在している。そのようなものがときどき、世の中にはあるものだ。ウイスキーの魅力も、その一つかもしれない。

しかし、それが魅力的であるほどわれわれは感度を研ぎ澄ませ、見えないものを見ようとし、量れない重さを量ろうとし、つかめないものをつかもうとする。それは、そよ風の流れを小枝の動きに求めるようなものだ。小枝の細やかな動きをいくら見ても、風そのものを見たわけではない。でも、人は小枝の動きや雲の流れに風の姿を探し求めることを、止めることはできない。ウイスキーを科学することも、それに似た作業かもしれない。私もウイスキーの不思議な魅力に少しでも近づくために、ウイスキーを科学する旅に出たいと思う。

劇的な変化

昔から人間は酒を好み、友としてきた。紀元前3000年頃のメソポタミア時代にはすでにワインやビールがあったというから、人と酒のつきあいは長い。それ以来、人間はその酔い心地に魅せられて、知恵を絞り、さまざまな酒を考えだしてきた。

いま一般に飲まれている酒は、大きく「醸造酒」と「蒸留酒」とに分けることができる。

醸造酒とは、穀類や果物に含まれる糖質を酵母のはたらきでアルコールに変えてその液体部分をそのまま製品にしたもので、ワインやビール、日本酒などがこれに属する。われわれの祖先がたまたま手に入れた酒も、醸造酒だった。

蒸留酒とは、醸造酒を加熱してそのアルコールや香り成分を蒸発させた後、それらの気体を集めて冷やし、液体に戻したものだ。濃縮されているためアルコール濃度は高い。蒸留酒には、酒をより楽しみ、より酔いたいという祖先の意図が感じられる。

ウイスキーは、代表的な蒸留酒の一つである。原料の大麦麦芽や穀類などを糖化して酵母によって発酵させた発酵終了液（「発酵モロミ」という）を蒸留する。できたての蒸留酒は樽の中に入れられ、長期間の貯蔵を経てウイスキーとなる。

蒸留酒にはほかにブランデー、ウォッカ、焼酎などがあり、ブランデーはブドウなどの果物が原料である点がウイスキーと異なっている。また、ウォッカや焼酎は樽で貯蔵していない点がウイスキーとは異なっている。

ウイスキーの特徴は何といっても、その貯蔵期間の長さにある。

ウイスキーを樽の中に入れて長期間貯蔵すると、「まろやかさ」が出現しておいしくなることはよく知られている。これを「熟成」と呼ぶ。熟成させるとおいしくなる食品はいくつか知られているが、ウイスキーの場合、その変化が際立ってダイナミックなのだ。だから、ウイスキーは何年もかけて貯蔵される。10年以上におよぶ場合も珍しくない。それだけ、まろやかさの出現が劇的なのである。ウイスキーがこのような熟成をとげる理由については、多くの科学者が興味を持って解き明かそうとしたが、いまだ謎の部分が多い。

錬金術が生んだ蒸留酒

熟成の酒、ウイスキーが誕生するまでのいきさつについては、その名前の由来が物語ってくれる。

「ウイスキーは、〝生命《いのち》の水〟をその語源としている」

私がまだウイスキーを飲みはじめて間もない、何十年も前のことだ。薄暗いバーのカウンターに座ってこう私に語った友人は、何やら哲学者のようにみえたものだ。

〝生命の水〟、ラテン語で「アクア・ヴィテ（aqua vitae）」。8世紀ごろ、醸造酒を蒸留する技術が本格的に普及しはじめると、人々は得られた蒸留酒をそう呼んで珍重した。

〝生命の水〟という響きは当時でも新鮮だったのだろう、この言葉は次第にヨーロッパ諸国に広まった。デンマーク、ノルウェー、スウェーデンなどのスカンジナビア諸国で愛飲されている蒸留酒の名である「アクアヴィット」は、まさにこの言葉に由来している。また、フランスでワインの蒸留酒であるブランデーを「オー・ド・ヴィー（Eau-de-Vie）」と呼ぶのも同じ意味だ。ライ麦や小麦などを原料とする蒸留酒のウォッカも、ロシア語のヴァダ（水）からきているということだ。

ウイスキーもこの例にもれない。ウイスキー発祥の地であるアイルランドやスコットランドではかつて、住民のケルト人はゲール語を用いていたが、〝生命の水〟をゲール語に直訳すると「ウシュク・ベーハ　Uisge-beatha（ウシュクは生命、ベーハは水）」。この言葉が「ウスケボー」と訛《なま》り、やがてウイスキー（Whisky/Whiskey）になったと言われている。

蒸留の技術そのものは紀元前3000年のメソポタミア時代からあり、花の蜜から香水を作るために蒸留器が発明されたようだ。紀元前750年になると、古代アビシニア（エチオピアの旧称）で、蒸留器を使って醸造酒のビールが蒸留された。これが蒸留酒の始まりと言われている。しかし、多くの人に愛飲される〝生命の水〟の誕生は、それから1500年もあとに流行した「錬金術」に負うところが大きかった。

ご存じの方も多いように錬金術とは、古代エジプトで起こり、アラビアを経てヨーロッパに伝わった原始的な科学技術のことだ。科学技術の進展にはその命題が必要だが、錬金術師たちは、酸化しやすい卑金属（鉄や銅など）を酸化しにくい貴金属（金や銀など）に変えることや、「不老不死」の万能薬を作りだすことをその命題として、あれやこれやと知恵を絞った。その点では、今も昔も科学の命題はあまり変わっていない。

8世紀になると、アラビアのジャービル・イブン・ハイヤーンという錬金術師が、「アランビック」と呼ばれる銅製の蒸留器を考え出した。これは蒸発させた成分を凝縮した蒸留液を、細い管から取り出すしくみのもので、独特の美しい形状をしている（図1－1）。アランビックで蒸留すると雑味がとれ、すっきりした品質の蒸留液が得られるため、これを手にした錬金術師たちは、さまざまな醸造酒を蒸留しはじめた。蒸留技術は一気に進化し、造られた蒸留酒は〝生命の水〟と呼ばれて人々の間に広まっていったのである。

なぜ、紀元前からあった蒸留酒が、この時代になるまで長く普及せずにいたのか、これは謎の

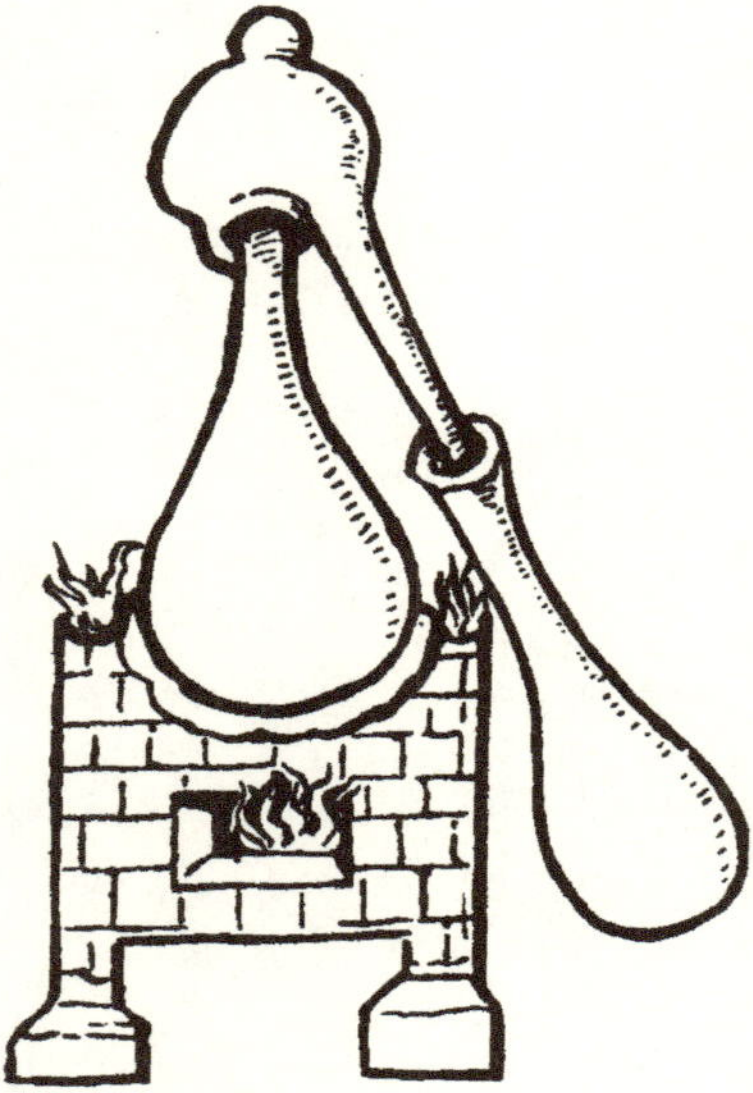

図1-1　1414～1418年頃のアランビック
（菅間誠之助『焼酎のはなし』より）

一つである。ともかくも、蒸留酒の普及はアランビックの発明によるところが大きかった。そして同時に、〝生命の水〟というネーミングの影響も見逃せないだろう。この言葉には、何か人をわくわくさせる神秘的な響きがある。

なお、この銅製アランビック型単式蒸留器は、ウイスキー造りにおいてはいまも踏襲されていて、「ポット・スチル」と呼ばれている。私は昔、酒類の研究所にいたころ、小型のポット・スチルを用いた蒸留実験をしたことがある。アランビック型の蒸留器から透明な蒸留液が落ちてくるのを眺めていると、なぜか心やすまる気がしたものだ。昔の先達たちが、同じようにそれを眺めながら、生命の来し方行く末に思いをはせていたことも想像できる。バーで私にウイスキーの名の由来を教えてくれた友人が哲学者のように見えたのも、そのせいかもしれない。

「密造」が生んだ熟成

アランビック型の単式蒸留器は、〝生命の水〟という名前とともに蒸留酒を世界に広めた。ウイスキーも、ケルト人の移動とともにアイルランドやスコットランドに伝わっていったが、最初は大麦麦芽を原料とした醸造酒を蒸留しただけの荒々しい酒で、いまのウイスキーとはほど遠い代物だった。その品質を劇的に向上させた、大きなエポックがある。すなわち、密造業者による樽貯蔵の開始である。

イングランドがスコットランドを併合（１７０７年）してグレート・ブリテン連合王国が誕生すると、イングランド政府はウイスキー生産者に対して１７２５年から、高い麦芽税の徴収を始めた。これは大変な重税であり、当時のウイスキー生産者にとってはまさに生活の糧を失いかねない死活問題となった。彼らはしかたなく、収税官吏の目の届かないハイランド地方の山奥に蒸留所を移して、密造を始めた。とくに２度にわたるスコットランド独立闘争が失敗に終わったあと、イングランド政府のスコットランド住民への締めつけは厳しくなった。そのため、独立闘争に参加した兵士を中心としてウイスキーの密造がいっそう盛んになった。

当然のことながら密造ウイスキーは自由に販売できないため、その機会が訪れるまで保管しておかなければならない。たまたま、スペインから輸入されたシェリー酒の空樽があったので、密造業者たちはそこに長期間、ウイスキーを保管しておいた。やがて時機が来て樽を開けると、なんとその中身は、琥珀色をした芳醇でまろやかな香味をもつ液体に変化していて、彼らを大いに驚かせた。これが樽貯蔵による熟成ウイスキーの誕生である。

ウイスキーをシェリー樽に入れて保管したのはまことに僥倖《ぎょうこう》だったといえるが、これにはある程度、必然的な歴史的背景がある。15世紀から17世紀にかけてのポルトガル・スペインによる大航海時代を経て18世紀になると、イギリスが海を支配するようになった。長い航海をする乗組員の癒しにはワインが必需品だったが、その品質劣化が悩みの種だった。そこで、蒸留酒を添加して樽貯蔵した酒精強化ワインであるシェリー酒が造られ、樽貯蔵のシェリー酒が航海の友となっていった。そのような経緯があったため、イギリス国内でもシェリー樽は身近にあって、手に入れやすい状況にあったのだ。

やがて、熟成ウイスキーの美味はイギリス王ジョージ4世も知るところとなり、政府公認の酒として認められるまでに至ったのだった。

そして多様化へ

もうひとつ、ウイスキーの品質を大きく変えたできごとが、連続式蒸留機の発明である。

当初、ウイスキーはすべてアランビック型蒸留器であるポット・スチルで造られていた。ところが、1831年に連続式蒸留機が誕生したことで、ウイスキーはその品質の幅を大きく広げることになった（なお「アランビック型」は蒸留器、「連続式」は蒸留機と表記するのが通例であり、本書もこれにしたがう）。

連続式蒸留機はアイルランド人のイーニアス・コフィー（カフェ）が発明したもので、「コフィー・スチル」とも「パテント・スチル」とも呼ばれている。パテントとは特許のことだ。

その名の由来と構造の詳細は後述するが、連続的に発酵モロミを投入し、連続的にエタノールを含む精留成分を取り出すしくみになっている。得られるウイスキー蒸留液は精留が進んでいるため、香味がクリーンで軽やかになる。大麦麦芽を原料とした発酵モロミも、トウモロコシを原料とした発酵モロミも、連続式蒸留機にかけてしまうとあまり大きな違いは認められない。しかし、個性がないぶん、ニュートラルでくせのないアルコールであるともいえる。

大麦麦芽を原料にアランビック型の単式蒸留器で造ったウイスキーを「モルトウイスキー」という。一方、トウモロコシなどの穀類を原料にして連続式蒸留機で造ったウイスキーを「グレーンウイスキー」という。

モルトウイスキーは「ラウドスピリッツ（主張する酒）」、グレーンウイスキーは「サイレントスピリッツ（沈黙の酒）」といわれている。穀類の個性が色濃く反映されたモルトウイスキーは力強くわれわれに向かってくるが、いつもそればかりでは受け手の方はくたびれてしまう。ウイスキーが日常の生活に取り入れられるにつれて、適度な力強さと穏やかさを兼備したウイスキーも望まれるようになってきた。そこで生まれたのが、個性の強いモルトウイスキーと、ニュートラルでくせのないグレーンウイスキーをブレンドした、バランスのとれた品質の「ブレンデッドウイスキー」である。

このように、連続式蒸留機の発明はウイスキーの多様化をもたらした。ウイスキーは、モルトウイスキー（単にモルトともいわれる）、グレーンウイスキー（同じくグレーン）、ブレンデッドウイスキー（同じくブレンデッド）の3種類に大きく分かれることになった。

モルトはさらに、一つの蒸留所の複数の樽からの原酒を混和して製品にしたシングルモルト、複数の蒸留所の複数の樽からの原酒を混和して製品にしたヴァッテッドモルトに分かれる（表1-1）。なお、ピュアモルトという言葉もよく目にするが、これはモルトのみで造られたウイスキーのことであり、シングルモルトにもヴァッテッドモルトにも使われている言葉のようだ。

グレーンは、トウモロコシやライ麦などの穀類と大麦麦芽を約5対1の割合で混合した原料を用いて得られた発酵モロミを、連続式蒸留機で蒸留し、樽で熟成したものである。グレーンのみの製品もあるが、モルトとブレンドしたブレンデッドに使われる場合も多い。

さまざまなモルトやグレーンを経験豊かなブレンダーがブレンドして、必要に応じて再貯蔵をしたのちに製品にしたものがブレンデッドである。ブレンドには実に多種類（多い場合には30種

表1-1　ウイスキーの種類

モルトウイスキー		大麦麦芽を原料にした発酵モロミをポット・スチルで蒸留して、長期間樽貯蔵したウイスキー
	シングルカスク	一つの樽のみから造られたウイスキー
	シングルモルト	一つの蒸留所のモルトから造られたウイスキー
	ピュアモルト	モルトから造られたウイスキー
	ヴァッテッドモルト	複数の蒸留所のモルトをブレンドして造られたウイスキー
グレーンウイスキー		トウモロコシなどの穀類を原料にした発酵モロミを連続式蒸留機で蒸留して、樽貯蔵したウイスキー
ブレンデッドウイスキー		モルトとグレーンをブレンドして、必要に応じて樽で再貯蔵したウイスキー

類以上）の原酒が使われ、個性の強いモルト原酒と、個性の穏やかなグレーン原酒の調和によって、香り全体のバランスがよく、のど越しがスムーズな製品となる。

モルトもブレンデッドも、熟成年数を記載する場合には、もっとも熟成年数が短い原酒の年数を記載しなければならない。ウイスキーは製造工程が多岐にわたり、しかも長期間を要するが、工程の管理がしっかりしているため製造経緯が飲み手にもよくわかる。それを愉しみながら味わうことができるのも、ウイスキーならではの特徴である。

樽の不思議

「熟成の酒」ウイスキーの種類は多様化しても、どれも樽の中で非常に長い期間、貯蔵することに変わりはない。ウイスキーが樽の中で過ごしてきた生い立ちに人は思いをはせて、その熟成した香りと味を愉しんでいるに違いない。鑑賞に堪えるためには、ウイスキーは樽の中で個性を身につけなければならない

(図1-2)。

樽の中で貯蔵することによるウイスキーのドラスティックな変化に魅せられて、昔から多くの研究がなされてきた。だが、長い間貯蔵するとなぜおいしくなるのか、その理由については、いまだによくわからない点が多いのである。

ウイスキーを貯蔵する樽に用いられる木材は、英語で「オーク」と総称される樹種（コナラの一種）に限られている。ウイスキー樽の形状は、日本でなじみの深い和樽とは異なり、両端を絞って湾曲させた独特の姿である。ウイスキーはこの樽の中で貯蔵しないと熟成しないことが知られている。

貯蔵している間に、樽のオーク材から多くの成分がウイスキーに溶け出してくる。その影響はもちろん大きいだろう。だが、オーク材の成分を抽出して加えただけではウイスキーにはならない。蒸留液の成分や樽からの成分がさまざまに反応しあい、貯蔵中に新しく多くの成分ができてきて、それらが複雑に絡みあいながら変化して、ウイスキーを熟成の状態に移行させているのだ。そこではさまざまな化学反応が並行して進んでいると考えられるが、具体的にわかっている反応といえば、樽を通して徐々にウイスキーに溶け込む酸素による酸化反応、酸化生成物とアルコールによるアセタール化反応やエステル化反応、という具合に限られてしまう。だがそれらの反応生成物だけでは、とても熟成ウイスキーの品質についての説明はつかない。

図1-2　樽が並ぶウイスキー貯蔵庫

確かにいえるのは、未知の反応も含めて多くの化学反応がバランスよく並行して進むためには、オーク材質の、この形状の樽がまことに適しているということだ。オーク樽はウイスキーを入れる容器としての役割もあるが、熟成反応を進行させるリアクター（反応器）としての役割が大きい。しかし、なぜそうなるのかはよくわかっていない。

また、主要な成分であるエタノールと水の相互作用もきわめて複雑なことが知られている。エタノールは水に対して混じりやすい（親水性）ばかりではなく、疎水的な挙動も示す。この水に対するエタノールの愛憎物語はウイスキーの品質が貯蔵中に大きく変化する要因の一つとなっているが、その具体的なしくみはまだ仮説の域をでない。まして、そこにウイスキー中の熟成成分がどう関わってくるかとなると、ますますわからないことが多い。また、エタノールの持つ味質も単純ではなく、樽由来成分が共存すると多様に変化するようなのだ。興味はつきない。

定量化しにくい「美徳」

坂口謹一郎博士は著書『愛酒樂酔』の中で、「いやしくも良酒といわれるものの備えている美徳、それは香味の調和と円熟とに帰する。……この美徳は酒のエージングによってのみ到達できるのである。……それにも拘らず、その理由となると今まで誰にも判然とわからない」と述べられている。「美徳」という表現は、まさにウイスキーの魅力の本質を言い当てていると思う。

ウイスキーに限らず、人が食べ物の味を評価する際に、それを左右する要因を「食感要素」と呼ぶ。「食感要素」には、甘い、すっぱい、苦いなどのような食べ物の味に関わる成分にもとづくものもあれば、口当たり、舌ざわり、歯ごたえなどのような食べ物の物理学的な情報にもとづいた感覚的評価もある。しかし、ウイスキーのように、これといって明確な味を持つ成分を多く含んでいるわけでもなく、といって煎餅のように歯ごたえのある固形分を含んでいるわけでもないものの評価はきわめて難しい（しかし、確かにうまいのだ！）。たとえば、ウイスキーの品質を表現するのによく使われる「まろやかさ」も、化学的表現なのか、物理的表現なのかさえ定かではない。

ウイスキーの品質を表すのにどのような評価用語があるのかを収集したところ、107の表現があったという。それらを見ると、特定の物質の量や物性の値として定量的に把握するのは難しいものが多い。たとえば香りに関しては「上品」「ふくらみ」「個性的」などであり、味に関しては「旨み」「後味」「なめらか」などである。ウイスキー造りの専門家はこれらの用語を整理して、専門家が共通して理解しあえる官能評価用語に置き換えて活用しているのだが、ウイスキーの品質はこのような抽象的で、総合的な表現でしかうまく言い表せない面があるのは事実だ。まさにウイスキーの味は「美徳」の味なのだ。

私の研究室からは、雄大な富士山を望むことができる。青空のもと、白雪を被《かぶ》る早春の富士山はとくに美しい。その富士山を眺めながら、ウイスキーのおいしさについて考えることがある。いくら白雪の白さを分析しても、また、山の高さを測っても、富士山の美しさの理由を説明することはできない。しかし、白雪の白さも、富士山の高さも、その美しさに欠かせぬ要素なのだ。ウイスキーの熟成研究についても同じようなことがいえる。ウイスキーのおいしさの理由について説明し尽くすのは難しいだろう。しかし、その貯蔵中に起きるさまざまな現象を明らかにし、そのこととウイスキーの熟成との関わりを考えていくことで、ウイスキーの「美徳」である香味が現れる不思議さに感嘆していきたい。

第2章 世界のウイスキー群像

歴史が育んだ「5つの個性」

「5大ウイスキー」とは

バーの重い扉を引いて店の中に入り、ウイスキーの酒瓶がずらりと並ぶ棚を前に、カウンターに座を占める瞬間は、なぜかいつも緊張してしまう。バーとして看板を出している店なら、通常は１００本、多い場合には５００本を超える数の酒瓶が並んでいるのではないだろうか。一瞬の緊張は、物静かで清潔な店の雰囲気と、バーテンダーの礼儀正しい物腰のせいもあるが、やはり棚に並んでいる酒瓶の数がそうさせるのだろう。一本一本が放つ迫力に、圧倒されてしまうのだ。それぞれのウイスキーに宿る文化と伝統と、造り手の思いをいやおうなく感じてしまうからだろう。

最近はウイスキーの市場も大きく変動しているという。表２-１は２０１２年のウイスキー市場（量換算）の世界のランキングだ。軽いタイプのバーボンウイスキーなどを好むアメリカ合衆国がダントツの1位で日本の3倍近くなのをはじめとして、5位までを占めている比較的常連組のウイスキー市場は、年率で1%から3%の伸び。一方で、最近よく耳にするのがインド・ロシア・中国の伸展ぶりだ。とくに、インド・ロシアは年率20〜30%で拡大している。この傾向は、その後も変わりがないようだ。

さらに、世界のウイスキー市場調査資料（Global Information Inc.）でも2016〜2020年のウイスキー市場の年平均成長率は5%以上と推定されている。この予測は、価格が1000〜5000円台のプレミアムウイスキーにおけるアイリッシュ、アメリカン、ジャパニーズの人気上昇を、市場成長の主な促進要因としているようだ。5000円以上のスーパープレミアム製品の伸びも期待されており、ここでもジャパニーズの人気上昇が要因の一つとなっている。

1	アメリカ合衆国
2	日本
3	イギリス
4	フランス
5	オーストラリア
6	韓国
7	インド
8	中国
9	ロシア

表2-1　世界のプレミアムウイスキー市場ランキング
（2012年 ： The International Wine & Spirits Recordより）

実際、政府の統計によれば、2010年のジャパニーズの輸出額は17億円だったのが、2016年には108億円と、約6・4倍にもなっている。これは日本の酒類輸出総額の約25%に相当している。前述したように、ジャパニーズは国内市場も2008年から上り基調にあって、2015年までの8年間で1・8倍に拡大している。なお、プレミアムウイスキーとは、(1)穀物が原料、(2)穀物の酵素で原料デンプンを糖化(分解)、(3)発酵モロミを蒸留、(4)蒸留液をオーク樽で貯蔵、の4つを要件とするウイスキーである。

プレミアムウイスキーのほかにも、世界にはさまざまなウイスキーがある。たとえばインドウイスキー、タイのメコンウイスキーなどがよく知られているが、これらは蒸留酒にエキスやハーブを添加したものだ。インドウイスキーを勘定に入れると、インドがウイスキー市場ランキングの1位に浮上するという。

この本では従来のプレミアムウイスキーに限って話を進めてゆくが、経済的に伸展している国々でウイスキー市場が伸びているということは、ウイスキーやそれを取り囲む文化が彼らに受け入れられているということであり、喜ばしいことには違いない。

ただしウイスキー文化といっても、ウイスキーが造られる地域は世界中でも意外に少なく、生産地域でウイスキーを分類するとわずか5種類しかない。

すなわちスコットランドとその周辺の島々を中心とした「スコッチ」、アイルランド島の「アイリッシュ」、北米の「アメリカン」と「カナディアン」、そして「ジャパニーズ」である。世界のウイスキー生産量の95%は、この地域で造られている。ましてやバーの棚に並ぶウイスキーと

表2-2　世界の５大ウイスキー

		スコッチ		アイリッシュ		アメリカン	カナディアン		ジャパニーズ	
ウイスキータイプ		モルトウイスキー	グレーンウイスキー	ストレートウイスキー	グレーンウイスキー	バーボンウイスキー	フレーバリングウイスキー	ベースウイスキー	モルトウイスキー	グレーンウイスキー
地域		スコットランド		アイルランド島		米国	カナダ		日本	
原料	主	大麦麦芽	トウモロコシ	大麦麦芽	トウモロコシ	トウモロコシ	ライ麦	トウモロコシ	大麦麦芽	トウモロコシ
	副	(ピート)	大麦麦芽	大麦 ライ麦	大麦麦芽	大麦麦芽 ライ麦	大麦麦芽 トウモロコシ		(ピート)	大麦麦芽
蒸留		単式2回	連続式	単式3回	連続式	連続式	連続式		単式2回	連続式
貯蔵		新樽、古樽 シェリー樽		古樽		内面を焼いた新樽	古樽		新樽、古樽 シェリー樽	
代表製品(ブレンデッド)		バランタイン オールド・パー		タラモア・デュー		I. W. ハーパー ジャック・ダニエル	カナディアンクラブ		響 角瓶	

もなると、ほぼ１００％がこれらの地域のもので占められていると言っていいだろう。この５種類のウイスキーを「５大ウイスキー」と呼ぶこともある。

ウイスキーが造られる地域が限られているのには私も最初は驚かされたが、考えてみればウイスキー造りの要件を満たす地域は、意外に少ないのかもしれない。あまり暑すぎることなく、といって寒すぎることなく、しかも寒暖の差があり、適度な湿度に恵まれ、清澄な空気に包まれ、おいしい水にも恵まれている地域となると、たしかに世界を探してもそう多くはないだろう。そのうえ、何にもましてそこには、何年、ときに何十年もの間、ウイスキーが育つのを見守ることができる人材がいなくてはならない。

大麦麦芽あるいはトウモロコシなどの穀類を発酵させたモロミを蒸留して得られた原酒を、樽の中で長期間にわたり貯蔵する――５大ウイスキーとも、この基本的な製造法は同じである。しかし、それぞれのこだわりもあって、この枠組みの中で造り方に異なる点が多くあり、その違いがそれぞれのウイスキーの特徴を生み出している（表2－2）。ここで、それぞれの代表的な銘柄のいくつかを紹介しておこう。

伝統が生んだ多様さ――スコッチ

熟成ウイスキー誕生の地、イギリスはグレート・ブリテン島北部のスコットランド地方で造られているのがスコッチである（図2－1）。製造法によって、大麦麦芽のみを原料として単式蒸留器のポット・スチルで2回蒸留したものを貯蔵するモルトウイスキー、トウモロコシを主原料として連続式蒸留機で蒸留したものを貯蔵するグレーンウイスキー、両者を混合したブレンデッドウイスキーに分かれる。

モルトウイスキー蒸留所はスコットランド北部のハイランド、スペイ川流域のスペイサイド、ハイランド南西部のキャンベルタウン、ハイランド周辺の島々（アイランズ）、アイラ島、南部のローランドに分けて話題にされることが多く、蒸留所もそれぞれに独自の主張があって面白い。

たとえば、ハイランド地方の一角に位置するスペイサイドには50余りのモルト蒸留所が集中しているけれど、その一つの「ザ・グレンリヴェット」。グレンリヴェットはケルト語で「静かな谷」という意味で、スペイサイドにはほかにも「グレン（谷）」を名前にもつ蒸留所が多い。1

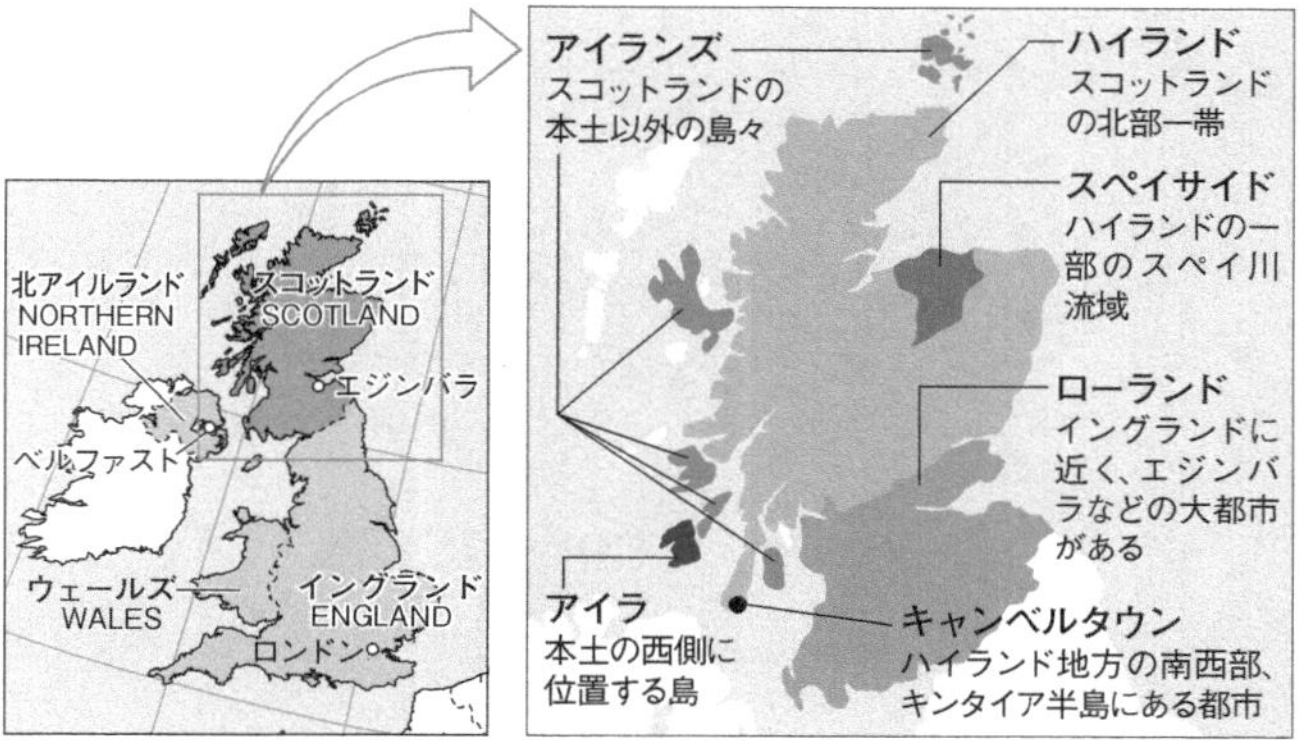

図2-1　スコッチウイスキーの生産地

８２４年にこの蒸留所が創業される前年、イングランド政府は密造対策として、厳しい税の取り立てから舵を切って酒税法を大幅に改めた。それとともに、当時のイギリス王ジョージ４世にそのおいしさが認められたザ・グレンリヴェットが「政府公認第一号」のウイスキーとなった。すると、近隣のほかの蒸留所がこれにあやかろうとしたため「グレンリヴェット」を騙《かた》る銘柄がたくさん出てきた。そこで混乱を避けるために、本流のグレンリヴェットにのみ「ザ」をつけ、ほかの銘柄は「グレンリヴェット」の前にそれぞれの特徴を示す冠語をつけることで決着したという。「静かな谷」の激しい争いというわけだ。スペイサイドにはほかに、シングルモルトの売り上げ№１を誇る「グレンフィディック」の蒸留所もあり、これはケルト語で「鹿の川の谷」という意味である。中央に鹿を描いたラベル（図２－２）と三角の瓶が特徴だ。「ザ・マッカラン」は「シングルモルトのロールスロイス」と呼ばれていて、スペイサイドで一番小さい蒸留器を用いて、シェリー樽にこだわったシングルモルトのウイスキー造りを行っている。このほかにもスペイサイドには特徴ある蒸留所が数多くある。

図2-2　グレンフィディックのラベル

図2-3　スキャパのラベル

スペイサイド以外のハイランドにも30弱の蒸留所が点在している。北ハイランドにある「グレンモーレンジ」はスコットランドで一番背が高い蒸留器を用いてバーボン樽にこだわったシングルモルト造りを行っている。ハイランドの中央にはハイランドで一番小さい蒸留所の「エドラダワー」がある。

キャンベルタウンはハイランド南西部の半島に位置する港町だ。かつては30を超える蒸留所があり、アメリカにも盛んに輸出していたけれど、禁酒法（1920～1933年）の影響もあって、現在は3蒸留所。「スプリングバンク」は昔からよく知られている蒸留所だ。

ハイランド周辺の島々（アイランズ）のうち、オークニー諸島のメーンランド島には2つの蒸留所があり、その一つが「ハイランドパーク」。島内の特定の場所から切り出したピート（泥炭）を使って蒸留所内で乾燥した麦芽での、スモーキーなウイスキー造りが特徴。もう一つは「スキャパ」。丘陵を背にしたスキャパ蒸留所が描かれたラベル（図2－3）を見るたび、この風光明媚な島を訪れたくなるのは私だけではないだろう。わずかにピートの香りがして、すっきりしたモルトだ。個性的といえば、スコットランド本土の西側に隣接している島々のうち南に位置するアイラ島をはずすわけにはいかない。淡路島ぐらいの大きさの島に8つの蒸留所がある。ヴァイキングの襲撃をはねのけたのはアイラ島出身の兵士だそうだが、いかにも荒くれ男が好みそうなスモーキーでピートの香りが強いモルトだ。とくに南岸の蒸留所はスモーキーさが強い。アイラ島の最古の蒸留所の「アードベッグ」はその代表格だが、「ラガヴーリン」や「ラフロイグ」も負けていない。アイラ島の最古の蒸留所の「ボウモア」（図2－4）はスモーキーだが、どこか華やかな花の香りも持っている。いずれも、一度飲んだら忘れられない、強烈な個性である。

南スコットランドのローランドには3蒸留所があり、どれもバランスはいいが比較的大人しいモルトウイスキーである。スコッチはブレンデッドを抜きにしては語れないが、ローランドにはグレーン・ウイスキー工場やブレンド業者の大半がある。ローランドを中心に誕生したブレンデッドは、通常、15～50種類のモルトとグレーンがブレンドされている。経験と知識を蓄積したブレンダーが注力して造り上げたその完成度は、モルトよりも上だろう。実際、モルトよりブレンデッドのほうが飲まれている量ははるかに多く、数え切れないほどの銘柄が市場に出回っている。

図2-4
ボウモア

図2-5　バランタインのラベル

図2-6　オールド・パーに貼られている肖像

シングルモルトが風土の造るウイスキーならば、ブレンデッドは人が造るウイスキーだ。そのせいだろうか、シングルモルトには土地に由来する名前が多く、ブレンデッドは人に由来する名前が多いという。ブレンデッドには世界の名門ブランドも多いが、創業者の名をつけたブレンデッドウイスキーの代表格が「バランタイン」。バランタインのラベルにある紋章には、大麦・川の清流・蒸留釜・貯蔵樽とウイスキー造りに欠かせない原料と装置が描かれていて面白い（図２－５）。一方、「オールド・パー」は１５３歳の長寿記録を持つトーマス・パー翁さんの名前に由来したもので、瓶の裏面にはルーベンスが描いたパー翁さんの肖像シールが貼られている（図２－６）。いずれも１００年をはるかに超えて飲み続けられている由緒ある銘柄だ。

すっきりした軽さ――アイリッシュ

スコッチと同様に古い歴史を持つアイリッシュは、アイルランド共和国と、アイルランド島北部のイギリス領の北アイルランドの両方で造られているウイスキーだ。一般的には、単式蒸留器のポット・スチルで3回蒸留する。また、原料は大麦麦芽だけではなくほかの穀物も使い、大麦麦芽の乾燥の時にはウイスキーのスモーキーフレーバーの原因となるピートを使用しない。この結果、総じてスコッチより軽い品質が特徴となっている。

アイルランド島では19世紀中頃のジャガイモ大飢饉に端を発して、多くの人々が新天地を求め、アメリカ大陸やオーストラリア圏に移り住んでいった。その結果、アイリッシュは米国のウイスキー市場に向けて輸出され、最盛期を迎えた。第35代アメリカ大統領J.F.ケネディーの父親、ジョセフ・ケネディーもアイルランドからの移民だったが、アイリッシュの輸入を通じて巨万の富を築いたことはよく知られている。

しかし、1920年にアメリカで施行された禁酒法によって、アイリッシュの輸入がストップされ、アイルランドの酒造業者は大打撃を受けた。この〝悪法〟によってアメリカではかえって密造酒の横行を招き、アル・カポネでよく知られる暗黒街の犯罪を助長することになった。そのため禁酒法は1933年に廃止されたが、この影響でアイルランドの多くの蒸留所は閉鎖に追い

図2-7　ブッシュミルズ

込まれ、最盛期には２０００あったという蒸留所が１９６０年代にはわずかに5つが残るのみとなった。その後も統合が進んだが、21世紀に入ると各地で小規模の蒸留所がいくつもオープンし、アイルランド島で操業する蒸留所は18を数えるようになり、さらに増加する傾向にある。

昔からよく知られている一つが、アイルランド島の北端にある「ブッシュミルズ」（図２－7）。スモーキーフレーバーをほのかに漂わせて、すっきりしたモルトだ。ブッシュミルズは「世界最古の蒸留所」を自称しており、１６０８年に蒸留免許を取得したことをラベルに記載している。もう一つは、アイルランド島南部のミドルトン蒸留所。「タラモア・デュー」が造られている。タラモアはアイルランド共和国の首都ダブリンの西南にある町の名で、タラモア・デューは「タラモアの露」という意味。１８２９年から造られ、いまも多くの人に飲まれている。ラベルには〝伝説的に軽いアイリッシュウイスキー〟と記載されている。さらに、アイリッシュ復権をめざして近年造られた、クーリー蒸留所とキルベガン蒸留所などがある。

新樽の木香が特徴――アメリカン

米国で造られているウイスキーがアメリカン。スコットランドやアイルランドの移民がその製法を伝えたが、いまでは酒税法の違いなどもあって、スコッチやアイリッシュとはかなり異なるタイプのウイスキーになっている。

穀物が豊かなアメリカではトウモロコシ、大麦、小麦、ライ麦などさまざまな原料でウイスキーが造られている。トウモロコシを51％以上使ったのがバーボンウイスキー、80％以上使えばコーンウイスキー、ライ麦51％以上であればライウイスキー、小麦51％以上の場合はホイートウイスキー。これらはストレートウイスキーと総称されている。それぞれのストレートウイスキーを20％以上含み、他の蒸留酒と混和したのはブレンデッドウイスキーだ。原料以外にも用いる樽の条件やアルコール濃度などが規定されている。

しかし、生産量でいうと全体の約半分をストレートウイスキーが占め、その大部分がバーボンウイスキーで、その８割がケンタッキー州で造られている。主原料にトウモロコシ、副原料に大麦麦芽、ライ麦などが使われ、発酵モロミは連続式蒸留機で蒸留される（表２‐２）。連続式で蒸留すると精留度が増すため、単式蒸留器（ポット・スチル）を使った場合と比べて、さっぱりしているが原料の個性は若干失われてしまう。貯蔵に使う樽は、容量が小さく（１８０リットル）、新しいホワイト・オークの材で作られた樽（新樽という）を用いることが法律で決められてい

図2-8　アーリータイムズのラベル

る。木が新しいと樽の個性が強く出過ぎてしまうため、樽の内面を十分に炎で焦がして用いる。また熟成年数も短いものが多い。それでも、ほかのウイスキーに比べて褐色の色合いが強く、焦げ臭いウイスキーができる。１７９５年に創業した「ジム・ビーム」は長らく、アメリカでもっとも飲まれているバーボンとして知られている。開拓時代を意味する銘柄の「アーリータイムズ」は、素朴なラベルと、バーボンらしい味わいで人気がある。なお、ウイスキーの英語のスペルには、「whisky」と「whiskey」の2種類があり、前者はスコッチ、カナディアン、ジャパニーズで用いられ、後者はおもにアイリッシュ、アメリカンで用いられている。「アーリータイムズ」は、ラベルに「whisky」と記載している数少ないバーボンの一つである（図２-８）。これらのほかにも、シングル・バレルにこだわる「ブラントン」、４本のバラのマークがエレガントで女性に人気のある「フォアローゼズ」、存在感のある香味で人気のある「ワイルドターキー」、初めて瓶詰めバーボンとして売り出され、現在も健在の「オールド・フォレスター」と有名銘柄が目白押しである。

図2-9　ジャック・ダニエル

「ジャック・ダニエル」はテネシー州産のアメリカンとしてよく知られている。南北戦争後、統一を果たしたアメリカ合衆国の登録第一号蒸留所で造られ、その歴史は古い。１９２０年から１

933年までの禁酒法施行期間は生産をストップしたが、四角い瓶に黒いラベルのデザインは1912年から変わっていない（図2－9）。テネシー州産ウイスキーの原料や製造法はバーボンウイスキーと同じだが、貯蔵の前後に原酒をサトウカエデの炭で処理する、チャコールメロウイングと呼ばれる独特の製法を採用している。この特徴を強調して、とくにテネシー州産のアメリカンはテネシーウイスキーと呼ばれている。ロシアの蒸留酒のウォッカも白樺の炭で処理されている。確かに、蒸留酒を炭処理すると口当たりも滑らかになり、アルコールのとげとげしさがまろやかになる。しかし、その理由は未だよくわかっていない。

　禁酒法の廃止と新しい酒税法の施行が、いまのアメリカンウイスキーの原点となっているが、禁酒法廃止後の認可第一号となったのがI．W．ハーパー社のバーンハイム蒸留所。その銘柄「I．W．ハーパー」は軽いタッチで飲めるバーボンとして、日本でも昔から若者を中心に愛飲されている。

禁酒法で急成長――カナディアン

　カナディアンの誕生はアメリカンに比べてやや遅く、1769年とされている。アメリカに移り住んだスコットランド出身の人々が、さらに新天地を求めて同じ北米大陸のカナダに移住した結果、ウイスキーが持ち込まれることになったのだろう。彼らはもちろん、自分たちが飲むため

図2-10　カナディアンクラブ20年

のウイスキーも造ったが、その多くはアメリカ市場に向けられ、１８４０年代には２００以上の蒸留所が操業していたという。しかし、この頃のウイスキーは「one day whisky」と呼ばれる粗悪品で、蒸留すると1～2日後に製品にしてしまうような代物だったようだ。本場スコットランドではすでに、過酷な収税官吏の目を逃れた密造業者が樽に貯蔵していた熟成ウイスキーのすばらしさを知ることとなり、イギリス王ジョージ4世までがその美味に瞠目していたが、残念ながらアメリカやカナダの地では、まだ荒々しい未熟成のウイスキーが〝男の酒〟として飲まれていたのだ。

だが20世紀に入ると、アメリカ政府による禁酒法がカナディアンにも大きな影響を及ぼす。この法によって輸入を禁止されたアイリッシュは壊滅的な痛手を負うことになるが、アメリカと隣接しているカナダは地の利を得た。いわゆる闇ルートでウイスキーを売りさばき、かえって飛躍的な成長を遂げたのだ。結局、禁酒法施行時代もアメリカでのウイスキー消費量は施行前と変わらず、その3分の2はカナディアンだったという。

現在のカナディアン・ウイスキーはフレーバリングウイスキーとベースウイスキーをブレンドして造られている。フレーバリングウイスキーは主原料にライ麦、副原料に大麦や大麦麦芽を使い、連続式蒸留で得られた濃度の高い留液に水を加えて濃度調整し、樽貯蔵したウイスキー。一方、ベースウイスキーはトウモロコシを主原料として古樽貯蔵したウイスキーである。さらに、カナディアン以外のウイスキー（モルトウイスキー、バーボンウイスキーなど）、シェリー、ブランデーなどを一定量加えることができる。この点はほかのどのウイスキーとも異なっている。

現在、カナダでウイスキーを生産している蒸留所は全国で十数ヵ所、そのうち五大湖近くに約10ヵ所だが、その一つがハイラム・ウォーカー創業のウォーカーヴィル蒸留所。ここで造られている「カナディアンクラブ」は、ライ麦を主原料としたライウイスキーの特徴を謳《うた》って登場し、爽快な香りとやわらかな口当たりがいまも人気を博しているカナディアンだ（図2-10）。また、マニトバ州ギムリ蒸留所で造られる「クラウン　ローヤル」はカナダを代表するプレミアム製品として世界中で愛飲されている。

スコッチの製法を踏襲――ジャパニーズ

ジャパニーズウイスキーが世界のウイスキーの舞台に立ったのは、1924年にオープンしたサントリー山崎蒸溜所が最初だから、かなり遅れての登場である。しかし、当初からスコッチの製造技術を取り入れた本格的ウイスキー造りを踏襲していたため、遅咲きのわりにはウイスキー造りとのかかわりは濃い。しかも、ほかの4大ウイスキーがいずれも多かれ少なかれ、新大陸発見・アメリカ合衆国建国・禁酒法とその廃止、というアメリカ市場の誕生と変遷の影響を受け、翻弄されてきたのに対し、ジャパニーズは無風の状態で、じっくりと長期熟成ウ

図2-11　山崎12年

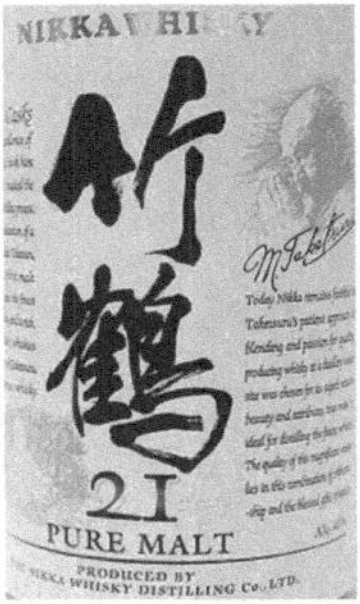

図2-12　竹鶴21年のラベル

図2-13 響30年

図2-14 角瓶

イスキー造りに励むことができたので、むしろいい時期にウイスキー造りに参入したといえるだろう。ジャパニーズ登場の経緯はあとでもう少しくわしく述べたい。

ジャパニーズのモルトウイスキーはスコッチと同様、その原料は大麦麦芽のみ、ポット・スチルで2回の蒸留を経たものを貯蔵している。モルトでは、山崎蒸溜所の「山崎」（図2－11）、ニッカのピュアモルト「竹鶴」（図2－12）が国際的にもその実力が認められている。また、ブレンデッドとしては、国際的評価も高い「響」（図2－13）、1937年の誕生以来、愛飲されている「角瓶」（図2－14）がよく知られている。

5大ウイスキーについて、その製法の特徴や代表的な銘柄をざっくりと述べたが、実際には同

じ地域で造られたウイスキーでも、第4章で述べるピートの使い方や、発酵条件、蒸留条件、さらには貯蔵環境や樽の使い方などが、蒸留所あるいはウイスキー樽ごとに違うので、非常に多くのタイプのウイスキーを造ることができる。

バーのカウンターに座って棚に並ぶ酒瓶を眺めながら、思いつくままにウイスキーを選び出して味わう。いつもできるわけではないが、贅沢な楽しみの一つだ。スペイ川沿いのスコッチを選んでは「ご無沙汰しています。お元気ですか」、アイリッシュを選んでは「はじめまして。よろしく」、ジャパニーズを選んでは「やあ今晩は。お元気そうで何よりです」。ウイスキーに語りかけながら、ゆっくりとその香味と時間の流れを楽しんでいるうちに、すっかりまわりの雰囲気にも溶け込んでゆく。そして、バーの重い扉を押して出るときは、棚に並んだ色とりどりの酒瓶たちが別れのエールを送ってくれるのだ。

ジャパニーズの高い評価

ジャパニーズウイスキーが世界の鑑評会で評判がよいという話はしばらく前から耳にするようになった。和食が世界中で人気を博している、日本の果物や野菜は高価でも飛ぶように売れる、日本酒も海外で引き合いがある、といったニュースはしばしば飛び込んでくる。また、何よりも、最近の海外からの観光客の増加ぶりには驚かされる。さらに、「洋酒」と呼ばれるジャパニーズウイスキーも、海外からの引き合いが多く、国内で品薄になりがちということだ。和・洋を越えた「ものづくり」に対する日本人の感性が評価されているのだとうれしい気分になる。すでに15年ぐらい前から国際コンテストでのジャパニーズウイスキーに対する評価は高まっているのだが、2010年以降の主要なコンテストでの成績を見ることにしたい（表2－3）。

定期的に世界各地で酒類の主要なコンテストが行われているが、イギリスのウイスキー専門誌『ウイスキーマガジン』の発行元であるパラグラフ・パブリッシング社が主催する「ワールド・ウイスキー・アワード（WWA）」は、2007年より毎年開催している、ほかに類を見ない、ウイスキーのみを対象とした国際的コンペティションだ。テイスト審査のほか、デザイン審査もあり、2017年のテイスト審査には世界各国から550銘柄のエントリーがあったという。

もう一つは、イギリスの酒類専門出版社「ウィリアム・リード」が主催して毎年ロンドンで開催されているInternational Spirits Challenge（ISC）。1996年の第1回開催以来、ウイスキーのほか、ブランデー、ラム、ホワイトスピリッツ、リキュールの各部門に分かれて評価され、ウイスキーの場合は世界のトップブレンダー10名によるブラインドテイスティングによって審査されている。金賞・銀賞・銅賞が授与され、金賞のうちとくに優れた品質の製品に対してトロフィーが授与される。

ジャパニーズに対してのコンテストでの評価は2004年頃から高まっていたが、最近、ます

表2-3　主要な国際コンテストで受賞したジャパニーズ

コンテスト名	年次	賞	受賞対象
WWA	2010	World Best Blended Whisky	響21年
		World Best Blended Malt Whisky	竹鶴21年
	2011	World Best Single Malt Whisky	山崎1984
		World Best Blended Whisky	響21年
		World Best Blended Makt Whisky	竹鶴21年
	2012	World Best Single Malt Whisky	山崎25年
		World Best Blended Malt Whisky	竹鶴17年
	2013	World Best Blended Whisky	響21年
		World Best Blended Malt Whisky	マルス・モルテージ3プラス25 28年
	2014	World Best Blended Malt Whisky	竹鶴17年
	2015	World Best Blended Malt Whisky	竹鶴17年
	2016	World Best Blended Whisky	響21年
		World Best Grain Whisky	シングル・グレーン・ウイスキーAGED 25 YEARS SMALL BATCH
	2017	World Best Blended Whisky	響21年
		World Best Single Cask Single Malt	秩父ウイスキー祭
ISC	2010	Supreme Chanpion Spirit of the Year（全体での最高賞）	山崎1984
	2012	トロフィー	白州25年、山崎18年
	2013	トロフィー	響21年
	2014	トロフィー	響21年
	2015	トロフィー	響21年、ニッカフロム・ザ・バレル
	2016	トロフィー	響21年
	2017	Supreme Chanpion Spirit of the Year（全体での最高賞）	響21年
		トロフィー	ニッカカフェモルト

WWA:World Whisky Award　ISC:International Spirits Challenge

ます高評価を得ているようだ。WWAではほぼ毎年、ジャパニーズが「ワールド　ベスト　ブレンデッド　ウイスキー」の栄誉に輝いている。ISCでも毎年のようにジャパニーズがトロフィーを授与されているし、金賞を授与される銘柄も拡がりをみせている。

２００４年頃から２００９年までに、すでにトロフィーや金賞を受賞したものを列挙すると、ブレンデッドではサントリーの「響30年」、「響21年」、「響17年」。モルトではサントリー山崎蒸溜所の「山崎18年」、「山崎12年」、「山崎ヴィンテージモルト１９８３」、「山崎シェリーウッド１９８６」、サントリー白州蒸溜所の「白州25年」、「白州18年」、ニッカの「竹鶴21年」、「竹鶴12年」、「ニッカ・シングル・コフィーモルト12年」、メルシャン軽井沢蒸留所の「軽井沢17年」、「軽井沢15年」などがある。残念ながら操業を終えた蒸留所もあるが、多くは引き続き活躍している。さらに、２０１０年以降、これらの製品群に加えて山崎蒸溜所の「山崎１９８４」、「山崎25年」、「響12年」、「山崎ミズナラ２０１２」、「山崎パンチョン２０１２」、「山崎ミズナラ２０１３」、白州蒸溜所の「白州ヘビリーピーテッド」、「白州バーボンバレル２０１３」、余市蒸溜所の「フロム・ザ・バレル」、「竹鶴25年」、「シングルモルト余市」、「ザ・ニッカ」、ニッカ宮城峡蒸溜所の「宮城峡12年」、キリンディスティラリー富士御殿場蒸溜所の「シングル・グレーン・ウイスキー AGED 25 YEARS SMALL BATCH」、本坊酒造マルス信州蒸溜所の「マルス・モルテージ・3プラス25　28年」、ベンチャーウイスキー秩父蒸溜所の「秩父ウイスキー祭」などが新たに上位で受賞の栄誉に輝いている。ISCは毎年、すぐれた酒類メーカー1社を「ディスティラー・オブ・ザ・イヤー」に選んでいるが、サントリーが2010年、2012年、2013年、2014年の各年、ニッカが2015年に受賞している。

ほかにも世界的コンペティションはいくつかあるが、ジャパニーズは軒並みよい成績をあげている。当然ながら審査はいずれも公平性が保たれているなかで、ジャパニーズがこうした評価を得て久しいことは、相当自慢してよいことなのだろうと思っている。

2004年に設立されたベンチャーウイスキー秩父蒸溜所で造られた「秩父ウイスキー祭」が2017年の「World's Best Single Cask Single Malt」に選ばれたことも注目に値する。日本にはすでに約20の蒸留所があるという。これはアイリッシュやカナディアンを越えた数である。ジャパニーズウイスキーの品質やウイスキー造りは世界のトップクラスにあると考えてよいだろうが、引き続き切磋琢磨して技術を磨き、この地位を守り続けてもらいたいものだ。

ジャパニーズ誕生物語

ではここで、このような高い評価を得るに至ったジャパニーズウイスキーの発祥と歴史をひもといてみることにしよう。

日本に初めてウイスキーが上陸したのは、1853年、黒船で来航したペリー提督が江戸幕府に献上したときとされている。その後、横浜、函館、神戸、長崎、新潟が開港して外国人の来航が増すにつれて、まず、彼らが楽しむためにウイスキーが持ち込まれるようになった。やがて1871年、横浜のカルノー商会が日本人への販売を目的にウイスキーを輸入しはじめた。このウイスキーは「猫印ウイスキー」という名前だったそうだ。当時は本物のウイスキーやワインなどの輸入洋酒は高価で、一般市民にはとても手が届かない高級品だったが、それでも1902年の日英同盟締結を機に、スコッチの輸入が急激に増加していった。その一方では、アルコールに香料や色素を混ぜた混成ウイスキーが〝安価な洋酒〟として市場に出回る風潮もあった。

このような世間の流れを見て、「日本人による日本での本格的なウイスキー造り」を始めようと決心したのが、「サントリー」の前身である「寿屋」創業者の鳥井信治郎だった。ウイスキーの生産は、蒸留所を立ち上げるための初期投資に莫大な費用がかかるうえに、長い熟成期間が必要なため、売り上げが出るまでには気の遠くなるような時間がかかる。だが鳥井は「赤玉ポートワイン」で得た財力を基盤にして、あえて日本で本格ウイスキーを造る夢に挑戦した。

鳥井は竹鶴政孝（のちの「ニッカ」創業者）がスコットランドでウイスキー造りを学んで日本に帰国していることを知り、1923年、本格ウイスキー造りへの参画を依頼した。竹鶴はこれに快く応じた。翌年には京都・山崎で日本初の蒸留所が完成し、竹鶴は蒸留所の初代工場長としてウイスキー造りに邁進《まいしん》した。この山崎蒸溜所で最初に用いたポット・スチル（アランビック型単式蒸留器）は、いまでも蒸留所の前庭に展示されている（図2－15）。

こうして1929年、最初の本格的国産ウイスキー「サントリーウイスキー白札」が発売された。なお、寿屋は1963年に社名をサントリーに変えているが、その34年も前にすでにサントリーの名を冠した製品が出ていたことになる。発売当時のポスターには、こう記されている。「醒めよ人！　舶来盲信の時代は去れり　酔はずや人　吾に国産至高の美酒サントリーウ井スキーはあり！」。いかにジャパニーズウイスキーの船出が意気軒昂であったかを物語るコピーだ。

図2-15　日本で最初のポット・スチル
（サントリー山崎蒸溜所）

しかし、最初の製品はスコッチの技術を踏襲するあまり、日本人には焦げ臭さが強すぎてそれほど人気を博さなかったようだ。これ以来、スコッチ伝統の製法は踏襲しながら、ジャパニーズ独自のウイスキーを生みだす工夫が始まったのである。その後、竹鶴は最初の鳥井との約束どおり1934年に寿屋を辞し、「大日本果汁株式会社」（現ニッカウヰスキー株式会社）を設立、１９４０年に第一号製品「ニッカウヰスキー」を世に送り出している。一方、寿屋は１９３７年に「サントリーウイスキー角瓶」（亀甲型）を発売、大いに人気を博し、〝美酒〟へ向けて確かな一歩を踏み出している。

キリンの富士御殿場蒸溜所は１９７２年に建設、第一号製品として「ロバートブラウン」を世に出している。ニッカは仙台に宮城峡蒸溜所を１９６９年に、サントリーは甲斐駒ヶ岳の山麓に白州蒸溜所を１９７３年に開設した。本坊酒造は１９６０年から山梨で地ウイスキー造りを行っていたが、１９８５年にマルス信州蒸溜所、２０１６年には鹿児島にマルス津貫《つぬき》蒸溜所を竣工、「マルスウイスキー」の製品群を世に出している。明石の江井ヶ嶋酒造も１９８４年に蒸留所を竣工、「ホワイトオークウイスキー」製品群を造っている。また、２００８年より稼働を開始したベンチャーウイスキーの秩父蒸溜所は「イチローズモルト」のシングルモルト製品群を製造・発売するなど、現在、約15のメーカーが約20の蒸留所でウイスキーを製造・販売している。

舞台に登場するのは遅かったが、最初の蒸留所建設から九十有余年が経過したいま、ジャパニーズウイスキーは世界に認められるまでになった。ジャパニーズの特徴は、どちらかというとピートの香りや煙っぽい香りの強いスコッチの荒々しさに比べて、優しいまろやかさが強く出ている点ではないだろうか。これも繊細な日本人の感性と、四季折々の変化、さらにはおいしい水の賜物であろう。その味わいを楽しむたびに、先達たちの努力に感謝している次第である。

第3章 ウイスキーができるまで

若武者が大人の美徳をそなえるまで

モルトウイスキーの工程

ウイスキーができあがるまでには長い歳月を経なければならない。その間、さまざまな工程で、多くの知恵や工夫があり、また、いくつもの不思議なできごとがある。本書ではそれらの知恵や工夫、あるいは不思議なできごとをつぶさに見ていくのだが、まず、この章で、ウイスキーはどのような工程で造られているのか、全体を大まかに把握したうえで、次章以降から個々の工程についてつぶさに見てゆきたいと思う。なお、本書でも折々に参考にさせていただいているが、ウイスキー造りの各工程の実際に興味のある方は、ウイスキー造りとウイスキー業界を長い間牽引してこられている嶋谷幸雄氏と、国際的にも有名なサントリー前チーフブレンダー（現・名誉チーフブレンダー）輿水精一氏による『日本ウイスキー世界一への道』（集英社新書）のご一読をお勧めする。

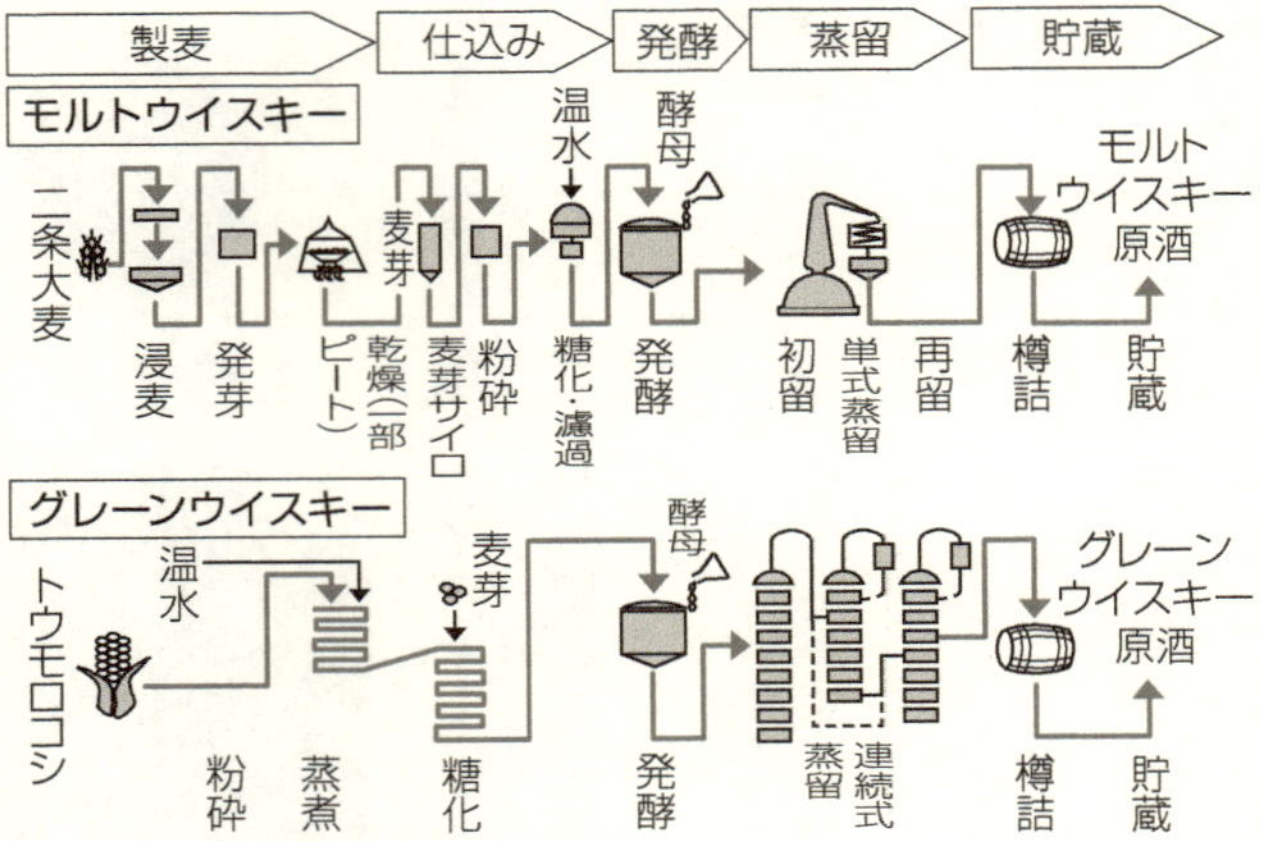

図3-1　ウイスキーができるまで

図３－１は、スコッチあるいはジャパニーズのモルトウイスキーとグレーンウイスキーの製造工程を示したものである。ではさっそく、まずモルトウイスキーの工程について簡単に紹介しよう。

モルトウイスキーの原料は、大麦種子を発芽させた麦芽を乾燥したものである。乾燥の際は、必要に応じてピートで香りづけが行われる。ピートとは燃料に使う泥炭のことで、くわしくは次の第4章で述べる。この発芽から乾燥までの工程を「製麦工程」という。

この乾燥麦芽を粉砕し、温水を加えて高温に保っていると、麦芽中のデンプンが麦芽に含まれる分解酵素の働きで分解され、糖類が溶け出してくる。水に溶けない固形分を除いた上澄みを取り出すと、麦の香りにピートの香りがほんのり混じった、甘い麦ジュースが得られる。麦芽から麦ジュースを調製する工程を「仕込み工程」と呼んでいる。

麦ジュースに酵母を加えて室温近くで置いておくと、酵母によってアルコールが造られる。また、さまざまな香り成分も造られる。これが「発酵工程」だ。発酵の後半には乳酸菌も活躍する。仕込み・発酵工程はビールと似てはいるが、実際の細かい条件はかなり異なるため、発酵終了液である「発酵モロミ」もずいぶん異なっている。この違いがウイスキーの特徴を浮き出させる大切な要件でもあるので、第5章と第6章でさらにくわしく述べることにする。

次に「蒸留工程」で、この発酵モロミを蒸留する。蒸留器は銅製のアランビック型単式蒸留器、ポット・スチル。もともとは錬金術師が発明し、香料の製造に用いられていたものだ。これに発酵モロミを注ぎ込み、2度の蒸留を行う。「銅製」のポット・スチルを用いるのはモルトウイスキー造りの大きな特徴の一つである。この蒸留器でなければ、よいモルトはできないのだ。その理由はある程度わかっているので、章をあらためて説明する。

蒸留が終わり、得られた蒸留液を「ニューポット」と呼ぶ。ニューポットは発酵モロミの特徴は保持しているものの、荒々しい香味が強く、若武者のような風情をしている。

このニューポットをオーク材で作られた樽に入れて、長期間にわたって貯蔵するのが「貯蔵工程」である。貯蔵には短くても4〜6年、通常は7〜10年、長い場合には20年近くがかけられる。その間に、ニューポットは見違えるような香味に変化する。荒々しい若武者が、美徳を備えた大人に変わるのだ。この変化が「熟成」であり、こうしてできあがった熟成ウイスキーが、モルトウイスキー原酒だ。

グレーンウイスキーの工程

グレーンウイスキーの場合も基本的な工程はモルトウイスキーとほとんど変わらない。アメリカンやカナディアンではそのまま製品にするが、スコッチやジャパニーズではおもにブレンデッド用に造られていることから、ニュートラルな品質をめざした製法が採られている。

まず原料は、主原料と副原料に分かれる。主原料がトウモロコシ、副原料が大麦麦芽で、両者の比は通常、約5対1である。それぞれの原料は、粉砕されて温水と一緒に混ぜ合わされると同時に、高温に保った筒状のパイプに流し込まれる。パイプを流れる間にトウモロコシのデンプンが蒸煮《じょうしゃ》によって酵素の作用を受けやすい形に変化し（α化という）、麦芽の酵素によって糖化される、生成した糖化液が連続的にパイプから出てくる。流れ作業のように連続的に原料を送り込み、高温で連続的に糖化するため、この方式は「連続蒸煮」と呼ばれる。1回ごとに仕込みタンクで糖化しているモルトに比べ、連続蒸煮の設定温度はモルトの仕込み温度より高く、パイプを通過する蒸煮時間はモルトの仕込み時間よりはるかに短い。連続蒸煮はモルトの仕込みに比べ効率のよい方法といえるが、それだけ原料の特徴は出にくい。

発酵工程に関してはモルトと大きな違いはないが、用いる酵母が違う。モルトの場合には、発酵モロミに個性を付与する特性を持つ酵母が重んじられるが、グレーンの場合には、ニュートラルな品質に仕上げるのに適した酵母が選ばれる。

発酵モロミは連続式蒸留機で蒸留される。第1章でも述べた「コフィー・スチル」とも「パテント・スチル」とも呼ばれる蒸留機で、その詳細な構造は第7章で述べる。揮発成分を蒸留して得られた蒸留液はスピリッツと呼ばれる。スピリッツは約60%にエタノール濃度を調整されたあと、モルトと同様にオーク樽で貯蔵され、グレーンウイスキー原酒となる。

完成度が高いのはブレンデッド

貯蔵してできたウイスキー原酒の品質は、同じニューポットを同じ年数だけ貯蔵した場合でも、貯蔵環境や樽の違いで、それぞれに異なっている。その違いを愉しむなら、一つの樽の原酒のみから造られたシングルカスクということになる。ピュアモルトやシングルモルトの場合は通常、いくつかのモルト原酒どうしを混ぜ合わせて樽ごとの違いをなくしたうえで、加水して濃度を調整し、しばらく樽で再貯蔵したあと製品となる。加水後にしばらく再貯蔵することを「後熟」と呼ぶ。これは品質の安定化のために大切な工程とされている。また、モルト原酒どうしを混ぜ合わせることを「ヴァッティング」、モルト原酒とグレーン原酒や水を混ぜ合わせることを

図3-2　サントリーの輿水精一チーフブレンダー（現・名誉チーフブレンダー）

「ブレンディング」と呼ぶ。

ブレンデッドはモルト原酒とグレーン原酒を混合して造られる。通常、専門のブレンダーが100種以上ある原酒の候補から20～30種を選びだし、まずモルトどうし、グレーンどうしをヴァッティングしたあと、モルトとグレーンを混ぜ合わせ、さらに水を加えて再貯蔵したものが製品となる。個性的なモルトとおとなしいグレーンをうまくブレンドして、バランスのとれた品質に仕上げるためにブレンダーは知恵を絞る（図3－2）。だからブレンデッドは非常に品質の完成度が高いのである。なお第1章でも述べたが、貯蔵年数を表示する場合は用いた原酒のうち、もっとも短いものの年数を記載することになっている。これは世界共通の厳しい約束ごとだ。ウイスキーは正直な酒でもある。

「育てる」のではなく「育つ」

あたかも荒々しい若武者が美徳を備えた大人に変貌をとげるような品質の変化、それが「熟成」である。熟成の度合いは原酒の貯蔵期間に左右される。したがって貯蔵年数の違いがウイスキーの品質に及ぼす影響は非常に大きい。

シングルモルトの場合、通常は最短でも10年である。長いものでは25年ものなどがある。ときどき、30年もの、50年ものなども売りに出されるが、これはめったにないことなので話題になる。最近、50年ものの山崎シングルモルトが海外のオークションで1000万円、あるいはそれ以上の値がついたということで評判になった。50年という歳月の長さを考えれば、ある程度、高価格なのはしかたがないし、それだけ貴重ということだろう。しかし、あまりの価格の変動はメーカーも望んではいないはずだ。いずれにしても、もっとも手軽なシングルモルトでも製品としてわれわれの前に姿を現すためには、10年の歳月が必要なのだ。

ウイスキーはオーク材で作られた樽の中で貯蔵されている間に熟成が進み、品質がどんどん変化して、あの「まろやか」で魅力的な香味が形成される。ウイスキー造りの専門家は、貯蔵中にその品質がよくなってゆくことを「育つ」と表現する。「育てる」のではなく、「育つ」なのだ。そこに、彼らの謙虚さが垣間見える。謙虚さは、彼らが本来持っている気質でもあるだろうが、おそらく長らくウイスキー造りに携わってきたことの影響が大きいのだろうと私は考えている。謙虚さがないと、よいウイスキーの造り手にはなれないのだ。

「樽の中のウイスキーは、手を加えることによって熟成するのではない。ひたすら樽の中で保ち続けることによってのみ、ウイスキーは熟成するのだ」ということを、彼らは身をもって学んだにちがいない。彼らにできることは、ウイスキーがよく育つように清浄な環境を提供すること、ウイスキーが育ってゆく様子をその鋭敏な感性でしっかりと把握すること、だけだ。しかし、それは簡単なようできわめて難しい。ウイスキー会社では、ウイスキー造りの専門家は貴重な存在として厚遇されていることがそれを物語っている。

限りなく透明な時間

このようにウイスキー造りでは、ニューポットができるまでの時間に比べて、その後の貯蔵工程にはるかに長い時間をかける。ニューポットができるまでの工程は、ウイスキーが育つために必要な「養分」を用意する工程であり、その「養分」を糧にして長い時間をかけてウイスキーは育ってゆく。開高健に『生物としての静物』というエッセイ集があるが、私には「静物」であるはずのウイスキーが長い時間をかけて健気《けなげ》に育つ姿が目に浮かぶ。

これまでにウイスキーが育つ「熟成」の過程に多くの研究者が興味を持ち、さまざまな研究がなされてきたが、いまだに謎の部分が多い。そして、謎を解き明かそうとすると、ウイスキーと「時間」との関わりはどのようなものなのかを考えさせられる。

「年齢」という言葉があり、「樹齢」という言葉がある。いずれも時の経過を表していて、そこには時の流れのなかでの人や樹木の「営み」が感じられる。日々の営みを通して、折々の「時」が記憶される。それらの記憶の積み重ねが「年齢」であり「樹齢」であると私には思える。だが日々の営みとは、きれいごとではすまされない、生を維持するための格闘の歴史でもある。「年齢を重ねる」とか「年輪を刻む」という表現は、そうした機微をうまく言い表している。

しかし、樽の中で長い年月を経てきたウイスキーの明澄な琥珀色と、まろやかな香味に接していると、「年齢を重ねる」あるいは「年輪を刻む」という表現は私にはどうもしっくりこないのだ。個人的な見解ではあるけれど、長い貯蔵を経たウイスキーにもたらされる「熟成」という状態は、「格闘の記憶」ではなく、時間をいわば「昇華」させたことの証しと考えるのがふさわしいように思う。いくら長期間貯蔵しても、まろやかな状態に移行するだけなのは、ウイスキーが自身のうちに時間を刻み込んでいるのではなく、時間を昇華させているからではないだろうか。そうでなければ、こんなに明澄で雑味のない芳醇さに至るはずがない。

われわれに喜怒哀楽にまみれた記憶を、樹木には風雪に耐えた年輪を刻み込む時間を、ウイスキーは昇華させている。樽の中で時間は限りなく透明になる。10年以上にもわたるその透明な時間の流れのなかで、「熟成」という状態がつくりあげられるのだ。

ではその間に、ウイスキーにはいったい何が起きているのだろうか。そのことについて考えるためにも、これから順を追って、ウイスキーの各工程を見ていこう。

第Ⅱ部 ウイスキーの少年時代

第4章

麦芽の科学

栄養と機能を横取りする人間の知恵

原料は二条大麦

これからは、おもにモルトウイスキーに絞って、熟成に向かうまでの工程をつぶさにたどっていくことにしたい。いわばウイスキーの少年時代の物語というわけだが、そこには読者が知らないみごとな工夫が少なくないはずだ。それらは、少年が大きく育つために人間が凝らした知恵の成果といえるものである。まずこの章では、原料の大麦から麦芽をつくりだすまでの製麦工程を見ていこう。

モルトウイスキーの原料となる大麦は、世界最古の穀物の一つと言われ、約1万年前から西アジアから中央アジアにかけて（現在のイラク付近を含む）栽培されていたという。約3000年前、古代エジプトを治めたツタンカーメン王の墓からも、副葬品として納められた大麦が発見されている。当時から、大麦を使ってパンやビールが造られていたらしい。

大麦はイネ科の植物で、実のなる穂の形の違いで「二条種」、「四条種」、「六条種」に分類できる。このうちモルトウイスキーの原料となるのは「二条種」である。大麦は花穂《かすい》が両側３列の矢羽状になっているが、二条大麦の場合はそのうち、それぞれの中央の穂だけが結実する。その結果、粒が２条に配列することになり、それが名前の由来になっている。

両側３列の小穂がすべて結実するのが六条大麦で、古代の大麦の流れを汲む品種だが、一般的には二条種の粒のほうが大きく、別名を「大粒大麦」、対して六条種は「小粒大麦」と呼ばれている。二条種はおもにビールやウイスキーなどの醸造用原料、六条種は食品に用いられる。

大麦の種子はほかの植物種子に比べてデンプンをたくさん含んでいるが、なかでも二条大麦はとくにデンプンの含有量が多い。ほかにはタンパク質も含んでいる。それらは、種子が育つのに必要な栄養素として用意されたものであり、いわば人間の親が、自分の子が不自由なく育つように貯金しておいたようなものである。種皮とアリューロン層で包まれた種子の中は、幼芽や幼根がある胚の部分と、栄養分の貯蔵庫である胚乳とに分かれていて、その間を胚盤が仕切っている。胚乳に含まれる栄養分のうち、85％がデンプン、10％がタンパク質である（図４－１）。

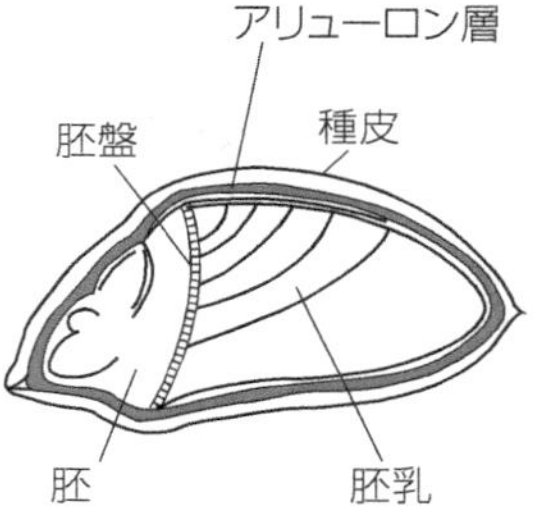

図4-1　種子内部の模式図
（『ウイスキー博物館』より）

二条大麦にもたくさんの品種があるが、ビールやウイスキーなどの醸造原料としては、デンプンを多く含むとともに、デンプンを分解する酵素活性（あとでくわしく述べる）が強いこと、タンパク質の含有量が多すぎないことなどが求められる。

栄養と機能の塊

この大麦種子中のデンプンを、「酵母」と呼ばれる微生物がアルコールに変える（発酵）わけだが、酵母は、デンプンを直接、菌体内にとりこむことができない。デンプンはグルコース（ブドウ糖とも呼ばれる）が数千個も結合した高分子の糖類だからだ（図4－2）。デンプンを分解して、単糖類のグルコースや、グルコースが2個つながった二糖類のマルトース（図4－3）にすれば、酵母はそれらを摂取してアルコールにすることができる。しかし残念ながら、酵母はデンプンを分解することができない。

ところが、ここに好都合なことがあった。大麦の種子は、発芽するときに、デンプンを分解する酵素を自分で作りだすことができるのである。

大麦種子はデンプンをエネルギー源にして芽（幼芽）や根（幼根）を出す。しかし、種子はグルコースやマルトースをエネルギーに変えることはできるが、高分子のデンプンをそのまま使うことはできない。この点は酵母と似ている。だが種子には、デンプンをエネルギー源として利用するために、これを切断してマルトースにする酵素（α－アミラーゼとβ－アミラーゼ）をみずから作りだす能力がそなわっていた。これがデンプン分解酵素だ。だから種子は、発芽の際にはまず、この酵素を作りはじめる。人間はこれを酵母のアルコール発酵に利用しようと考えたのだ。

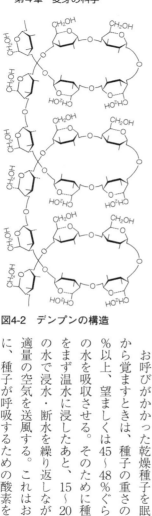

通常、収穫された大麦種子は、出番がくるまで貯蔵される。しかし、その間に種子が芽や根を出すためにデンプンを消費してしまっては使いものにならなくなる。そこで、種子の水分が12％以下になるまで乾燥させて貯蔵する方法がとられる。乾燥させると種子は「眠り」に入り、一度眠りに入った種子は1年以上も品質をそこなわずに貯蔵することができるのだ。

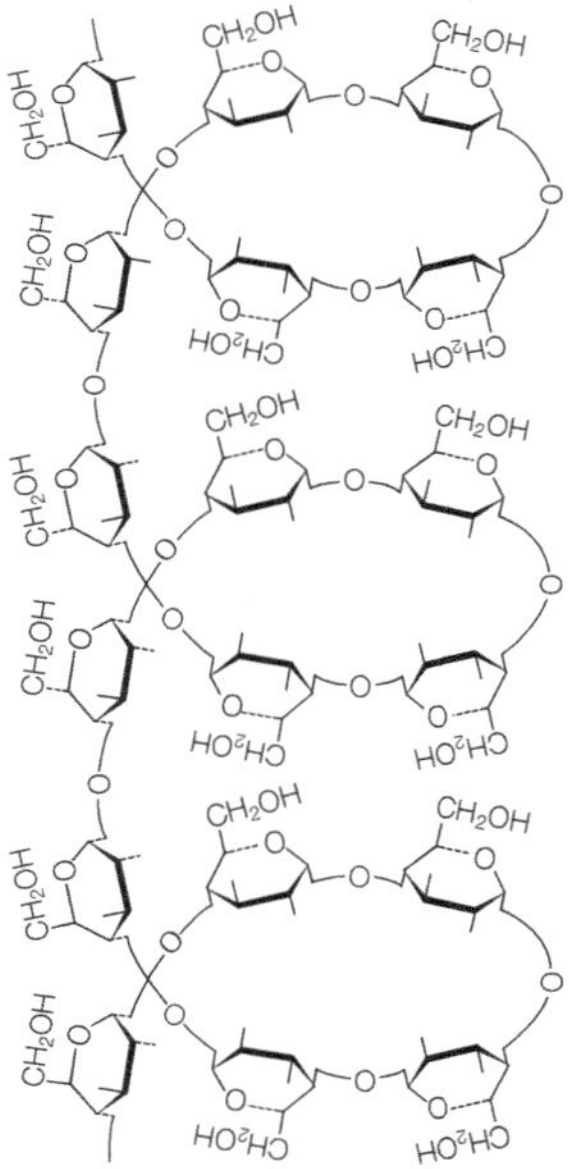

図4-2　デンプンの構造

お呼びがかかった乾燥種子を眠りから覚ますときは、種子の重さの30％以上、望ましくは45～48％ぐらいの水を吸収させる。そのために種子をまず温水に浸したあと、15～20℃の水で浸水・断水を繰り返しながら適量の空気を送風する。これはおもに、種子が呼吸するための酸素を供

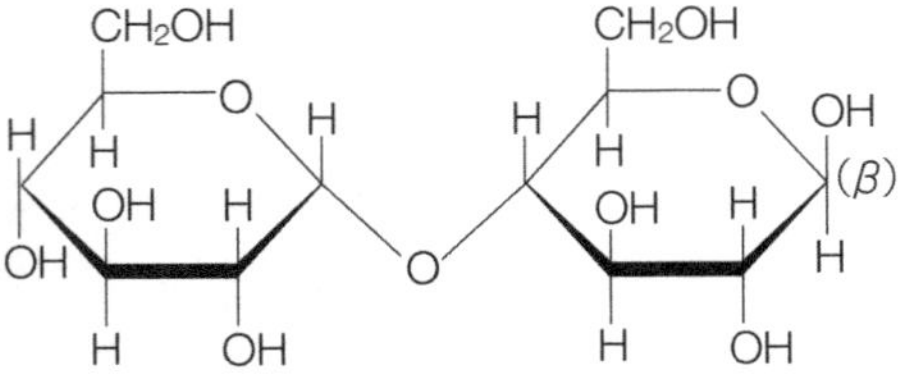

図4-3　マルトースの構造

給するのが目的である。こうして文章にすると簡単なようだが、大量の種子に同じように水分を与えて、いっせいに目覚めさせるのは微妙なコントロールが必要なむずかしい作業だ。

さて、大麦のデンプン分解酵素を利用するために人間が考えだしたのは、この種子を目覚めさせる段階で、あえて少し幼芽や幼根を出させて、種子中に酵素をつくらせるという方法だった。そして、デンプンが消費されすぎないよう適当な段階で再び種子を乾燥させ、発芽の進行を止めてしまうのだ。こうして得られる、少しだけ発芽した状態で乾燥させた種子が、大麦麦芽だ。

つまり、麦芽を製造する工程（製麦工程）には、大麦種子を水に浸す工程（浸麦）、種子を発芽させる工程（発芽）、発芽した種子を加熱乾燥する工程（焙燥）がある。

種子にしてみたら、水に浸して目覚めさせられたり、乾燥して眠らされたり、いい迷惑かもしれないが、大麦麦芽の中には、多くのデンプンと、デンプン分解酵素が同時に存在している。また、デンプンよりも少ないとはいえタンパク質とタンパク質分解酵素も同様に存在している。いわば栄養と機能の塊が大麦麦芽だ。人は賢いけれど、けっこうずるい。大麦が子孫のために蓄えた「栄養」と、その利用のために備えた「機能」をどちらもそっくり横取りしてしまうのだから。

ウイスキーを造る側にすれば、なるべく栄養分と分解酵素の両方を多く含んでいる状態で種子の発芽を止めたい。そのタイミングを計るために、発芽を管理する現場では、種子を指の間にはさんで擦《こす》って評価する。種子が十分に軟らかくなっているかどうかを判断しているのだ。

種子の中ではデンプンは粒となって胚乳に存在していて、胚乳の外側を細胞壁が覆っている。細胞壁はしっかりした構造をしていて分解しにくいため、そのままでは細胞壁に覆われた胚乳の中のデンプンにデンプン分解酵素が働きにくい。だから大麦種子は、細胞壁分解酵素も作っている。これによって胚乳の細胞壁を溶かし、デンプンが分解されやすいようにしているのだ。人間が種子の軟らかさを指の間にはさんで調べるのは、それによって細胞壁の〝溶け〟を評価しているのである。大麦種子からすれば、細胞壁を溶かし、デンプン分解酵素も作り、さあいよいよ大いに栄養分を利用して成長しようという時期に、乾燥させられ、大麦麦芽となるわけだ。横取りするためには、人もいろいろと知恵を働かせている。

なお、紹介が遅れたが、この大麦麦芽のことを「モルト」という。したがって、大麦麦芽のみを原料にして造ったウイスキーが「モルトウイスキー」ということになる。

ピートの香りはモルトのアクセント

時機を見はからって発芽した大麦種子を乾燥し、発芽をストップさせる。通常、水分が5％くらいになるまで乾かすのだが、なるべく速く、しかも、温度をあまり上げずに乾燥させることが大切だ。そうでないと、麦芽中の酵素が活性を失ってしまい、のちの仕込み・発酵工程で支障をきたすことになる。そのために、麦芽づくりには温度管理はもちろんのこと、送風速度の制御が非常に重要になってくる。種子を目覚めさせるときと同様、麦芽を眠らせるときも神経を使う。

通常、乾燥は2段階で進める。第1段階は温度を33～55℃に保って麦芽の含水量を10％くらいにする。この段階で麦芽表面に付着した水は脱水される。第2段階は、温度を70～78℃くらいまで徐々にあげてゆき、含水量を5％以下にする。この段階で麦芽内部の水や結合水が脱水される。全体の焙燥時間は24～60時間を要する、手間のかかる工程なのだ。

種子を乾燥させる際には、「キルン」と呼ばれる独特の形をした塔の乾燥室で、ピートなどを燃料にして熱する場合がある。キルンは煙突の部分に東洋風の屋根を持つ印象的な形状で、ウイスキー蒸留所の象徴のような存在になっている（図4－4）。

キルンの1階部分は大きな竈《かまど》、2階部分は細かな網状になった鉄製の簀《す》の子だ。簀の子に発芽した大麦種子を敷き、竈でピートや無煙炭などの熱源を燃やす。煙はキルンの煙突から抜ける構

図4-4　ウイスキー蒸留所のキルン

造になっている。ただし、いまではキルンで発芽種子を乾燥することは稀である。麦芽づくりは蒸留所ではなく、専門の業者（モルトスター）によって行われる場合が多い。

熱源に用いるピートは、土壌中の植物の遺骸が十分に分解されずに堆積し、部分的に炭化したものだ。気温が低い湿地では、植物遺骸の量に比べて土壌の微生物による分解作用が十分でないためにピートが多くつくられる。スコットランドの土壌にはとくにピートが多い。スコットランド北部の丘を回ると、ピートを切り出している光景を目にすることがある。丘にはヒースと呼ばれる背の低い植物が群生している。ヒースはピートを栄養にして生えていると聞いたことがある。ピートの主要な原植物はヒース、水コケ、水草であり、そのうち北半球の冷温帯に生育するものは200種類に及ぶということだが、とくにヒースの遺骸が堆積したピートが多くを占めるようだ。

ピートを燃料にすると、「煙ったい」香りがあたりに立ち込める。煙ったい理由の一つは、ピートは乾燥状態でも20~25%の水分を含んでいるせいだ。これを燃やして麦芽を乾燥させると、乾いた麦芽の表面にじっくりと煙い香りが吸収される。麦芽についた香りは、それを原料にしたウイスキーにまで移行する。この香りをスモーキーフレーバーと称する。また、ピートの特徴がよく出ているという意味で「ピーティー」という場合もある。いずれにしても「燻香」と称されて珍重されるが、香りに特徴があるため、その強弱の調節には神経がつかわれる。

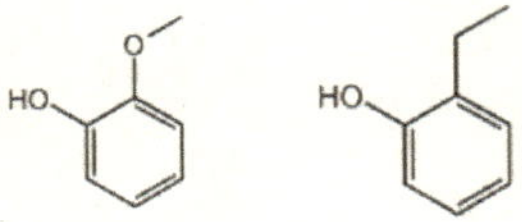

グアイアコール　2-エチルフェノール

図4-5　ピート臭に関わりのあるおもな揮発性フェノール化合物

一般的には、スコッチはジャパニーズに比べてピートの香りの強い製品が多い。また、カナディアンのようにピートをまったく使わない製品もある。スコッチやジャパニーズの場合には、香りの強弱はあっても、スモーキーフレーバーはウイスキーの特徴香の一つとなっている。蒸留所から麦芽づくりを依頼されたモルトスターは、麦芽を乾燥する際に麦芽に対するピート使用量を変えたり、ピートで焚《た》く時間を調節したり、ピートの副流煙を作ったり、ピートの産地を選定したりしながらピート臭の強さをコントロールしている。麦芽のピーティーの強さは通常、3段階に分けられており、ヘビーは指標とするスモーキーフレーバーの成分値（フェノール値）が30~

50ppm、ミディアムは10ppm、ライトは2・5ppm以下程度とされている。

スモーキーフレーバーの成分は、揮発性フェノール化合物が中心であることが知られている（図4-5）。自然界には炭素原子6個と水素原子6個からなる環状構造（C_6H_6）を持つ化合物が多く存在し、この環状構造をベンゼン環という（構造式の六角形の部分がベンゼン環。炭素原子〈C〉と水素原子〈H〉を略して示している。以下、構造式についてはこれと同様に記す）。フェノール化合物とは、ベンゼン環の水素原子が水酸基（-OH）に置換された一群の化合物のことである。図の化合物は水酸基1個のフェノールのベンゼン環水素原子がさらに他の官能基に置換されている。グアイアコールは焦げ臭、2-エチルフェノールはタールのような匂いで、いずれも単独ではよい香りとはいえないが、ウイスキーの中に微量含まれると独特の個性を付与することになる。当然、好き嫌いもあるが、それがウイスキーの嗜《し》好《こう》に幅を持たせることにもなる。

一般的に男性のほうがこの香りを好むと思っていたが、最近は女性でもスモーキーフレーバーを好む人がふえてきたという。煙ったい香りを楽しみながらウイスキーと語り合う女性、なんだか魅力ありますね。

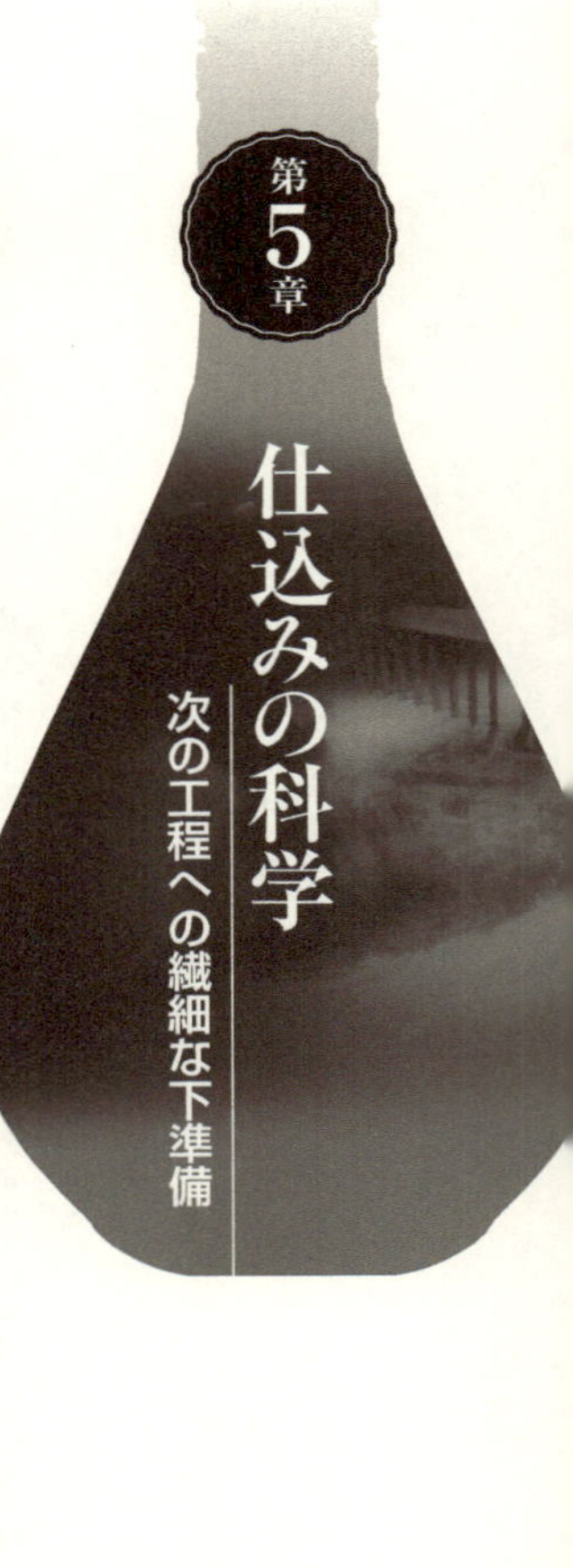

第5章 仕込みの科学

次の工程への繊細な下準備

「醸造」の不思議

「製麦工程」（麦芽づくり）の次は、「仕込み工程」を見ていく。

仕込みと次の「発酵」とあわせて、通常、「醸造」という。醸造とは「醸《かも》して造る」という意味だ。人は、まだ微生物の存在が知られていない時代から、「醸す」ことによって、さまざまな食品や飲料を造ってきた。そして、その不思議さ、すばらしさに感嘆してきた。なにしろ、微生物の働きとは知らずに、大豆が味噌になったり醤油になったりするのを目撃したわけだから、その劇的な変化には驚かされたに違いない。

この醸造における変化のダイナミックさは、蒸留酒であるウイスキーにおいても同様である。麦芽からつくった甘い糖化液が、酵母や乳酸菌の働きで、アルコールをはじめ多様な成分を含む「発酵モロミ」に変化するのだ。

ウイスキーの場合は、仕込み・発酵工程を終えたあとも、さらに多くの工程と時間を経なければ製品にならない。しかし、そのはるか彼方のウイスキーの姿を思い描きながら、さまざまな工夫がこの工程でもなされているのだ。

ビールとの違い

前章で見てきたように発芽した大麦麦芽は、適切なタイミングで乾燥され、サイロで丁寧に保管されている。これを取り出して、粉砕し、透明で甘い麦ジュース（麦汁という）に仕立てる工程を「仕込み」と呼ぶ。ウイスキーの骨格造りとして重要な工程は発酵と蒸留であるが、仕込みはその前工程であり、発酵と蒸留によって得られるニューポットの品質には、麦汁の性状や組成が大きく影響するのだ。

酵母はデンプンをそのままでは分解できないため、麦芽が持っているデンプン分解酵素（α－アミラーゼとβ－アミラーゼ）を利用しようと人間が考えたことは前章で述べた。ちなみに人間も、デンプン分解酵素を持っている。お米をしっかり嚙んでいると甘くなるのは、唾液中のデンプン分解酵素がお米のデンプンを甘い糖分に変えるからだ。

さて、仕込み工程では、次の発酵工程で酵母が麦芽由来のデンプンを利用できるように、まず麦芽のデンプン分解酵素によってデンプンをマルトースなどに変える作業を行う。最初に麦芽を粗く粉砕して、4倍量の温水に懸濁させる（微粒子が溶液中に分散した状態にする）。これを60～65℃に保つと、デンプンがデンプン分解酵素の働きで切断されて、おもに二糖類のマルトースが作られることになる。デンプンは分子量の大きい化合物なので、まず、α－アミラーゼで大まかに切断し、ついで、β－アミラーゼでグルコース2個のマルトース単位で切断する。α－アミラーゼが働く適温は65～67℃、β－アミラーゼは52～62℃なので、両方がうまく働く仕込み温度に設定している。

酵素の働きで分解を受けた麦芽懸濁液は仕込み槽の底部から自然濾過で取り出され、冷却機を経て発酵槽に移される。十分に分解成分を得るために約80℃の温水を加えて同じ操作を繰り返す。しかし、あまり温度を上げすぎると酵素が活性を失い、うまく働いてくれなくなるから注意が必要だ。

これらの作業は「糖化」とも呼ばれ、得られた糖化液が「麦汁」である（図5－1）。麦汁の中には、マルトースを主成分とする糖分が約13％含まれている。デンプンもデンプン分解酵素も頂戴しているわけだから、麦芽には感謝してもしきれない。

大麦麦芽にはタンパク質も相当量含まれており、これも麦芽由来のタンパク質分解酵素によって、アミノ酸やアミノ酸が数個つながったペプチドに変換されて、麦汁に溶け出してくる。タンパク質の分解にも数種の酵素が関与しているが、いずれも作用する適温は糖化酵素より低い（50

図5-1　糖化中の仕込み槽内部の様子（上）と糖化を終えた麦汁（右）

℃以下）。タンパク質の分解は製麦工程でもかなり進んでいると考えられる。アミノ酸やペプチドは発酵工程で酵母によってエタノールや酢酸より長鎖のアルコール（フーゼルアルコール）やカルボン酸、そしてそれぞれのエステル成分に変換される。これらの成分はニューポットの性格を決めるうえで大切な化合物であるが、通常のウイスキーの仕込みを行えば、酵母が活躍するのに十分な量のアミノ酸量が確保されることが確認されている。

また、麦汁には植物油脂のリノール酸などの脂肪分やビタミン、ミネラルも含まれている。これらは発酵工程で酵母が活躍するために欠かせない成分であり、麦汁がいかに栄養に富んでいるかがわかるだろう。

麦芽を糖化するという点では、ビールの仕込みも同じである。しかしビールの場合は糖化工程の終わりに、つる性の植物であるホップの「毬花《きゅうか》」と呼ばれる部分を加えて煮沸する。ホップは苦味と独特の香りがあると同時に、抗菌活性もある。しかも100℃近くで煮沸するため、ビール麦汁はほとんど無菌状態になる。これに比べてウイスキーの場合は、仕込み工程では約80℃以上に温度を上げることはない。殺菌のために麦汁を煮沸することもないし、ホップも添加しないので、麦芽由来の微生物や酵素が生き残り、次の発酵工程で活躍する機会を与えられている。そういう意味では、ウイスキーはビールに比べて大らかな酒といえるかもしれない。

麦汁作りは「豊かな発酵」の前工程

麦汁作りは酵母に栄養補給してエタノールさえ作らせておけばいいわけではない。よい品質のウイスキー造りを目的とした「豊かな発酵」を行うための前工程なのだ。麦汁は清澄でなければいけないが、あまり清澄すぎてもよくはない。適度の濁りも必要なのだ（図5－1）。麦汁は酵母の栄養物を豊富に含んでいるが、穀皮成分のタンニン、少量の苦味成分、アントシアノーゲン、ポリフェノール化合物なども溶け出してきている。仕込みを終えた麦汁は栄養豊かな野の香りを持っており、「麦の蜜」とも言われている。それに独特な個性のピート由来のスモーキーフレーバー成分が加わるのだから、ウイスキー造りの素材としては申し分ない。ウイスキー造りにおいて「豊かな発酵」のための素材とは、多様な香味を生み出す力を持っている麦汁のことだ。

穀皮は有用な濾過材

麦芽には糖化できない穀皮の部分もある。粉砕麦芽と温水を全量投入して静置すると、穀皮を主とする固形分は沈んで仕込み槽の底部にある濾過板上に、厚さ40〜50㎝の麦層を形成する。糖化を終えた麦汁は、この麦層を通過することによって清澄化する。穀皮は麦汁を濾過する際の濾過材として非常に役立っている。

粉砕された麦芽は「グリスト」と呼ばれるが、グリストがあまり細かくなりすぎると、濾過がうまくゆかなくなる。たとえ濾過できたとしても、清澄な麦汁が得られない。濾過後の麦汁が濁りすぎていると、濁り成分が発酵を邪魔して、そのあとの発酵工程でよい品質の発酵モロミが得られない。とはいえ、粉砕が粗すぎては糖類の収量が落ちてしまう。通常はグリストをふるいにかけたときの重量比が、細かい粉の部分（「フラワー」という）が約10％、中間の部分（「グリッツ」という）が約70％、粗い部分（「ハスク」という）が約20％になる程度の粉砕が適当とされている。濁りすぎていない、適度な清澄度を持つ麦汁が「豊かな発酵」のために冷却機を通って発酵槽へ移される。

このように仕込み工程では、次の発酵工程がうまくゆくように、麦芽の粉砕粒度（粉砕の度合い）や糖化を終えるタイミングに心をくばりながら良質の麦汁を得る努力がなされている。

第6章

発酵の科学

微生物たちの饗宴

発酵の3つの形式

仕込みを終えて、約13％の糖分を含む麦汁を得たら、次はいよいよ発酵工程に入る。

麦汁に酵母を添加すると、酵母は麦汁を栄養源として利用してマルトースからエタノール（エチルアルコール）を生成する。これを「発酵」と呼ぶ。発酵終了時点には、6〜7％のエタノール分を含む発酵モロミが得られることになる。理論的には8％以上のエタノール分が得られてもいいのだが、糖分の一部は酵母の増殖に使われ、また、あとで述べる乳酸菌が利用する分もあるので、このエタノール濃度になる。

酵母とは、メソポタミア時代からパン、ビール、ワインづくりで人の役に立ってきた微生物である（図6－1）。自然界では花の蕾《つぼみ》などにいて、花の蜜を食べている。生物には、DNAを細胞内の「核」と呼ばれる器官に格納している「真核生物」と、核を持たずにDNAだけが細胞質に存在する「原核生物」があるが、酵母はわれわれ人間と同じ真核生物だ。一方で、バクテリアとか細菌と呼ばれる微生物の一群が、原核生物だ。ウイスキー醸造の発酵後半、酵母に続いて活躍する乳酸菌は、細菌の一種だから、原核生物である。細胞構造の観点に立って地球上の生物を眺めると、進化の過程がわかる。酵母は乳酸菌よりもわれわれ人間に近い関係にある。アルコール発酵には、通常、「サッカロミセス・セレビシエ」と呼ばれる種類の酵母が用いられている。

ウイスキー醸造ではビールとは違って、発酵中の最高温度が32～33℃になるように発酵開始の際の麦汁の温度を調節（18～20℃）するだけで、発酵中の温度制御はしないのが一般的である。ウイスキー醸造用酵母の最適増殖温度は27℃前後だが、発酵中に温度コントロールするとモロミの香りが貧弱になるので、温度制御せずに自然にまかせたほうがいいという。ウイスキー造りの面白さは、ここでも垣間見られる。

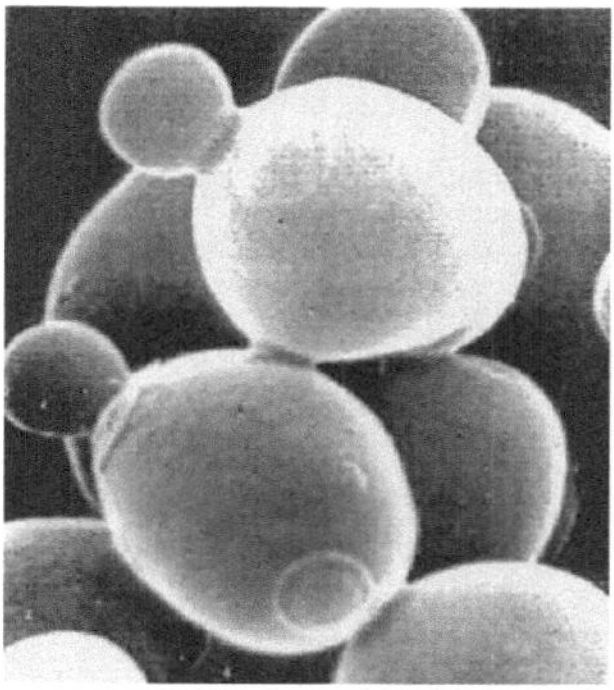

図6-1　醸造に使われる酵母

しかも、最初に麦汁に添加する酵母の量も、ビールに比べてはるかに多い。したがって発酵期間はビール醸造では10日以上を要するが、ウイスキー醸造では酵母は1～2日ほどでアルコールの生成を終え、老化・死滅期に入る。

酵母によるアルコール発酵は、原料との関係によって、

表6-1　おもな酒の仕込みと発酵の形式

酒の種類	主原料	原料の処理	糖化	発酵	発酵形式
ワイン	ブドウ	房のまま圧搾する	糖化は不要	果汁を酵母によって発酵	単発酵
ビール ウイスキー	大麦種子を発芽させたもの	粉砕して湯水に懸濁	麦芽の酵素で糖化	糖化液を発酵槽に移し、酵母によって発酵	単行複発酵
清酒	米	水分を加え蒸す	麴菌の酵素で糖化	麴菌と共存する酵母によって発酵	併行複発酵

3つの発酵形式に分けられている（表6－1）。

1つ目は「単発酵」。これは、酵母が摂取できる糖分がすでに原料に含まれているため最初から酵母を加える形式で、ワイン醸造がこれにあたる。酵母はブドウ果汁に含まれているフルクトース（果糖）を摂取してエタノールに変える。

2つ目は「単行複発酵」。これは、原料に含まれるデンプンを、酵母が摂取できる糖分に変えてから、その糖化液に酵母を加える形式で、ビール醸造やウイスキー醸造がこれにあたる。酵母は麦芽糖化液のマルトースを摂取して、モロミをつくる。

3つ目は「併行複発酵」。これは、原料に含まれるデンプンをカビが糖分に変える一方で、カビと共存する酵母が、できた糖分を摂取してエタノールにする形式で、清酒醸造がこれにあたる。麴菌《こうじ》（カビの一種）は米のデンプンをグルコースに変えるデンプン分解酵素を持っているので、共存する酵母は麴菌が変換したグルコースをどんどん摂取してエタノールに変えてしまう。微生物が共同で発酵を行う、おもしろい発酵形式だ。

パスツールと酵母

酵母は器用な微生物で、酸素があってもなくても生きてゆくことができる。酸素があるときには糖分を二酸化炭素と水にまで変換して、十分なエネルギーを獲得する。そのエネルギーを活用して必要なものをつくり、不必要なものを捨て、その結果、活発に増殖し、たくさんの子孫をつくる。一方、酸素がないときには糖分をエタノールにまで変換するが、この場合、獲得エネルギーは酸素がある場合に比べると約19分の1と、非常に少ない。したがって増殖も活発ではない。

酸素の有無によって酵母の糖代謝が変わる現象を発見したのは、フランスの著名な化学者ルイ・パスツール（1822〜1895）だ（図6－2）。彼にちなんでこの現象は「パスツール効果」と呼ばれている（図6－3）。彼は酵母が酸素の多い状態で盛んに増殖することを「呼吸」、酸素のない状態でエタノールなどをつくるのに励むことを「発酵」と呼んだ。

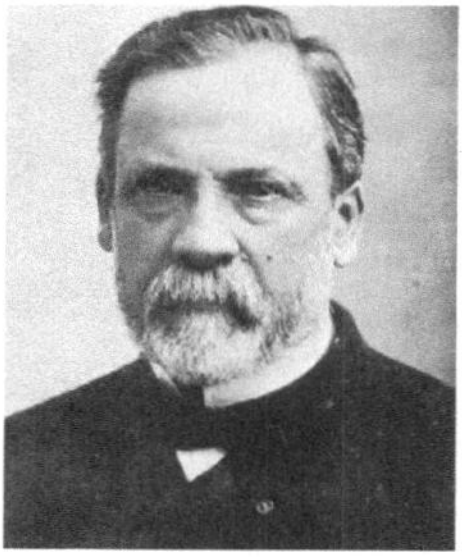

図6-2　ルイ・パスツール

このようにパスツールは醸造にかかわる分野ではワインやビールの発酵や腐敗を研究したほか、酒石酸の旋光性の研究、乳酸菌・酪酸菌の発見、狂犬病ワクチンの開発など多くの輝かしい成果を残している。パスツールが試みた有名な実

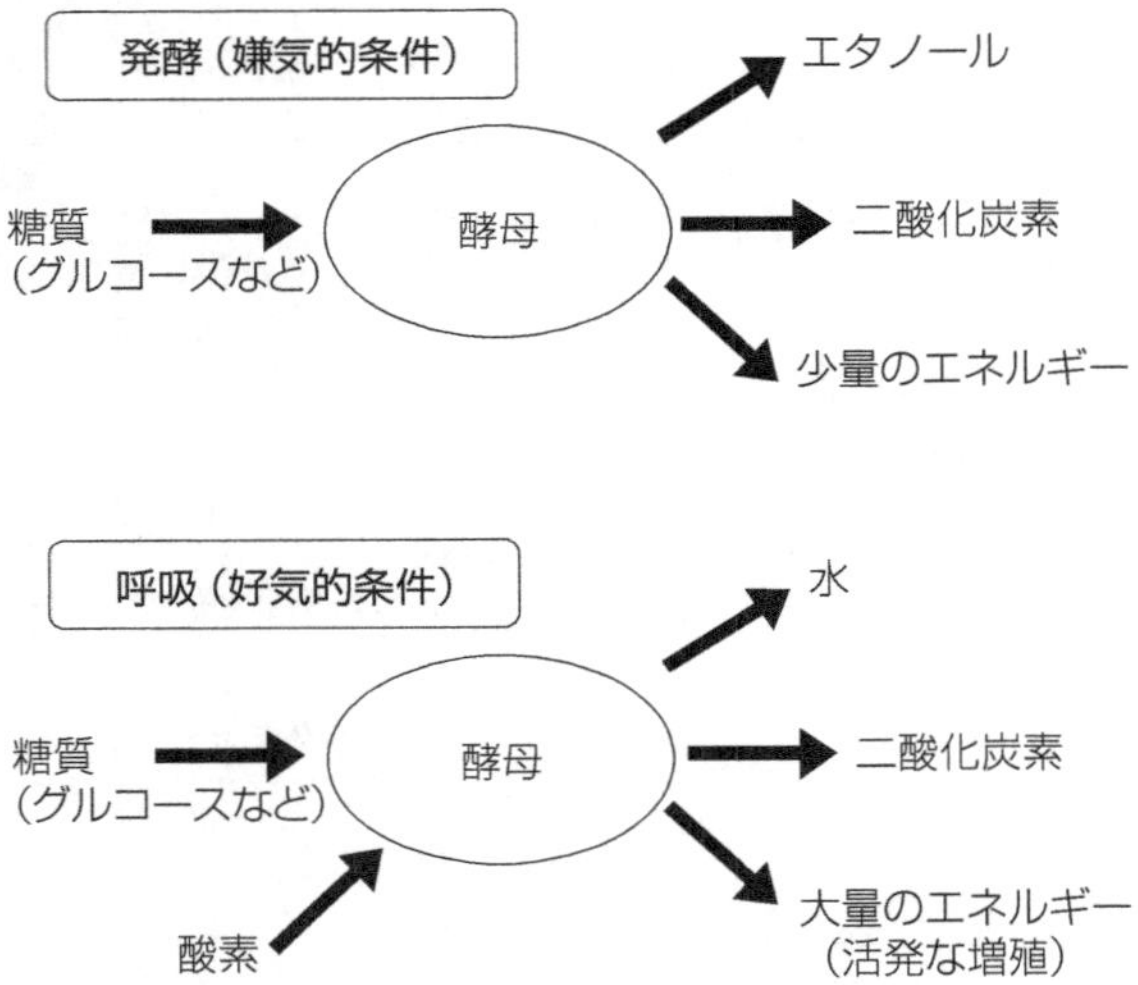

図6-3　パスツール効果

験に、「白鳥の首のフラスコ実験」がある。その詳細は省くが、それまでは微生物の発生について「自然発生説」を唱える人と「微生物であっても人間と同じように親がいる」とする説の間で長期間にわたる論争があった。パスツールは実験によって自然発生説を完全に否定し、微生物を科学の対象としたのである。さらにパスツールは「天地万物の総体的調和」のために土壌微生物の果たしている役割は限りなく大きいことを指摘する壮大な演説をソルボンヌ大学で行っている。「天地万物の総体的調和」とは、大気圏をも含んだ物質循環のことである。今日、地球温暖化ガスの動きにおける土壌微生物の関与は、まさに最新の課題となっているが、彼は醸造における微生物の働きを明らかにするとともに、物質循環における微生物の役割の重要性を、当時からすでに指摘していたわけである。パスツールは科学的思考の深さと視野の広さをあわせもった科学者だった。

その後、「パスツール効果」に興味を持ったドイツの化学者エドゥアルト・ブフナー（1860〜1917）は、酸素がない状態で、酵母を生きたままではなくすりつぶして糖に加えてみた。すると、やはり同じようにエタノールがつくられた。このことから、糖をエタノールに変換するのは酵母ではなく、酵母に含まれる酵素群であることがわかった。それでは、どういうプロセスを経て糖はエタノールに変わってゆくのか、に興味は移ってゆく。

やがて、酸素のないときに酵母はどのような酵素を関与させて糖をエタノールに変換しているのか、また、酸素があるときに、どのような過程を経て糖を二酸化炭素と水に変換しているのかが明らかにされた。いわゆる「代謝」のメカニズムである。こうして、パスツールの発見は「生化学」の誕生につながった。いまでは、原料の糖分の量がわかれば、エタノールの生成量を精度よく予想することができる。

糖からエタノールへの変換は、「解糖系」と呼ばれる代謝系を含む、12のステップの反応によることが明らかになっている。それぞれの反応には、酵素が関与している。人間も解糖系の酵素群を持っているが、エタノール生成に向かう反応に関与する1種類の酵素だけを持っていない。もし持っていたら、年がら年じゅう酔っぱらっていることになったかもしれない。

ウイスキー酵母とエール酵母

ウイスキーの発酵には、昔から2種類の酵母を同時に働かせる「混合発酵」という方法が採られてきた。酵母の種類はさまざまあるが、混合発酵に用いられるのはそのうちの「ウイスキー酵母」(Distiller's yeast)と呼ばれ、効率的にアルコールを生成する酵母の仲間と、イギリスで昔から飲まれているエールビールの醸造に用いられる「エール酵母」の仲間との混合発酵だ。

この2種類の酵母で混合発酵を行うと、それぞれ単独で発酵させたものに比べて、ウイスキーの香りの複雑さや、味に厚みを与えるボディー感が増すことが明らかになっている。では、2種類の酵母はお互い、どのような関係をもちながら発酵にあたっているのだろうか。

これは最近の研究でわかったことなのだが、それぞれの酵母単独で発酵させると、発酵がほぼ終了して発酵モロミから摂取できる栄養が枯渇したあと、ウイスキー酵母は36時間ほど生存しているが、エール酵母はすぐに死滅してしまう。ところが両者が共存していると、エール酵母の生存期間が延長し、ウイスキー酵母の生存期間は短くなる。発酵が終了してモロミの栄養分が枯渇した状態で生存している酵母を「成熟酵母」と呼ぶが、ウイスキー酵母と共存すると、エール酵母が成熟酵母として存在している時間が延びるのだ。そこで、アルコール発酵を終えたばかりのフレッシュなエール酵母と成熟エール酵母のそれぞれをウイスキー酵母と混合発酵し、ニューポット（蒸留したてのウイスキー）を造って比較したところ、成熟エール酵母のニューポットのほうが香りに複雑さが増し、味に厚みがあったという。成熟酵母になると、細胞内の液胞という場所に生命維持のために必要な成分を溜《た》め込むようになり、培地の栄養成分が枯渇したあともその成分を利用しながら生命を維持する。発酵が終了したあとも、ウイスキー酵母とエール酵母とが成熟酵母として共存することが、ニューポットの香味を向上させるのに大切なことなのだ。

こうしたウイスキーの発酵と香味にかかわる研究は、発酵を終えたモロミを、ポット・スチルを用いて初留と再留の2回蒸留し、その際の留液の一部を次の発酵モロミに戻して一緒に蒸留するということを6回繰り返したあとに、結果を評価しなければならない。それだけ実験する規模も大きくなるし、期間も長くなる。さらに貯蔵後のウイスキーの姿も想像しながら評価する必要がある。手間も時間も経験も必要な研究なのだ。

ところで最近では、イギリスでもエールビールを飲む人が減ったため、ウイスキー酵母のみで発酵を行うスコッチの蒸留所も多いと聞く。エールビールがよく飲まれていて、エール酵母が入手しやすかったスコッチの蒸留所は、かえってエール酵母を併用することの大切さについて意識が低いのかもしれない。逆にエールビールになじみの薄い日本では、蒸留所が率先して、手に入りにくいエール酵母をまかなう態勢づくりに知恵を絞らなければならなかった。こうして見ると、早くからスコッチの製法を踏襲して2種類の酵母の併用態勢を確立してしまったジャパニーズは、最近のエールビール離れを悩まないでいいぶん有利な状況にあるともいえる。

もう少し酵母の話を続けたい。読者も聞き覚えがあるかもしれないが、酵母には「上面発酵酵母」と「下面発酵酵母」がある。その違いは、発酵終了時の挙動の違いだ。終了時に発酵液の上に浮かんでいるのが上面発酵酵母で、下に沈んでいるのが下面発酵酵母である。

ビールには、低温（約10℃）で醸造を行ったあと低温貯蔵して製品にするラガービールと、約23℃で醸造を行い低温貯蔵をしないエールビールがある。ラガービールは下面発酵酵母、エールビールは上面発酵酵母で造られる。ウイスキー造りでは昔からエールビール用の上面発酵酵母をウイスキー酵母と併用している。ラガービール酵母とエール酵母のそれぞれについてウイスキー酵母と混合発酵し、ニューポットを造って比較したところ、エール酵母で造ったほうが香りに複雑さが増し、味に厚みがあることが確認されている。

もちろん酵母の選別は、菌体成分や発酵生産物の豊富さや、それぞれの特性などで判断されるわけだが、次の「蒸留」の工程で蒸留器に発酵液を移す際、酵母が上面にいるほうがそれらを蒸留器に移行させやすいのも、ウイスキー造りに上面発酵酵母が使用される理由ではないかと考えられる。つまり、次章で述べる蒸留工程でも、酵母の菌体成分は必要とされているのだ。それはできあがるニューポットの香味に関係してくる。

大切にされる香味成分

ウイスキー醸造においては、麦芽にピートの香りを付与したり、混合発酵によって発酵終了後まで「成熟酵母」を生かし代謝産物を作らせたり、上面発酵酵母を用いてなるべく多くの酵母菌体を蒸留工程に移動させたりと、できるだけ香味成分が豊富に獲得できるよう工夫されている。

炭化水素の水素原子を水酸基（-OH）で置き換えたものをアルコールという。ウイスキー中に最も多いアルコール成分はエタノールだが、発酵では単にエタノールの生成だけを目的にしているわけではなく、エタノールより炭素鎖が長いフーゼルアルコール（プロピルアルコール、イソプロピルアルコール、アミルアルコール、イソアミルアルコールなど）や、それらの酢酸エステルもつくられる（表6-2のA、D）。「エステル」とは、酸とアルコールが縮合してできた化合物の総称であり、香気成分が多いことで知られている。酢酸とアルコールが縮合してできる主要な酢酸エステル（酢酸エチルや酢酸イソアミル）は、酵母によって作られる。

主に炭化水素の水素原子をカルボキシル基（-COOH）に置き換えたのをカルボン酸という。ウイスキー中に最も多い酸成分は酢酸だが、発酵によって酢酸より炭素鎖の長いカルボン酸（カプリル酸、カプロン酸、ラウリン酸、パルミチン酸など）と、それらの酸とエタノールからなるエチルエステルも生成される（表6-2のC、D）。エステル成分はウイスキーに吟醸香などの

A	C_nH_{2n+1}-OH 一般的なアルコール	n=2：エタノール（C_2H_5-OH） n=3：プロピルアルコール n=4：イソブチルアルコール n=5：アミルアルコール、イソアミルアルコール
B	$C_nH_{2n-1}(OH)_3$ 3価のアルコール	n=3：グリセロール（$C_3H_5(OH)_3$）
C	$C_{n'}H_{2n'+1}$-COOH 一般的なカルボン酸	n'=1：酢酸（CH_3COOH） n'=5：カプロン酸 n'=7：カプリル酸 n'=11：ラウリン酸 n'=15：パルミチン酸
D	C_nH_{2n+1}-O-CO- $C_{n'}H_{2n'+1}$ エステル	n=2, n'=1：酢酸エチル（C_2H_5-O-CO-CH_3） n'=1：酢酸エステル n=2：エチルエステル

表6-2　酵母によって作られる主要な香味成分

香りを付与する。発酵で作られる香味成分は熟成反応でも重要な役割を演じるので、あとでもう一度触れることにする。

エタノールなどの一般的なアルコールは水酸基1個だが、水酸基3個を持つアルコール（3価のアルコール）のグリセロールも、酵母の発酵によって作られる。グリセロールは甘さを持つが、ウイスキーでは量的にはわずかであって甘味を感じさせるほどではない（表6-2のB）。

発酵中にできる長鎖のアルコールやカルボン酸、あるいはそれぞれの酢酸エステル、エチルエステルは麦汁中のアミノ酸が酵母によって分解・代謝されることによって作られる。

また、ウイスキー酵母とエール酵母とを混合発酵させると香りの複雑さが増して香味に厚みを増すことを前節で述べたが、それはウイスキーの特性を示す微量成分の3種のS化合物（ジチアペンチルアルコール、ジチアペンチルアセテート、ジメチルトリスルフィド）の量が増えるからだ。一般に多すぎれば嫌われるS化合物だが、適量であれば特徴を付与することになるのだ。

ウイスキーとは、これほど香りにこだわっている酒なのである。

乳酸菌の登場

酵母が活発な発酵を終え、死滅期に入る発酵後半になると、酵母と入れ違いに活躍しはじめる微生物がいる。ラクトバシラス属の乳酸菌だ。一般的に乳酸菌とは、糖の50％以上を乳酸に変える微生物の一群の総称である。古代から酵母はわれわれと最もつきあいの深い微生物であるが、乳酸菌もまた、人間とは非常になじみが深く、昔からチーズづくりや漬物づくりなどに利用されてきた。最近の乳酸菌飲料の発展ぶりには目をみはるものがある。また、われわれの皮膚にはつねに乳酸菌が定住しているし、口の中の微生物の多くも乳酸菌である。腸内微生物の善玉菌としても、乳酸菌の働きが注目されている。

ウイスキー醸造においては、前述したように仕込みの段階で煮沸殺菌しないから、発酵モロミには麦芽由来の細菌が乳酸菌のほかにも少なからず存在している。しかし、酵母の活躍によってpHは酸性側にシフトし、エタノールも生成され、しかも酸素のない嫌気状態という条件で活躍できるのは乳酸菌くらいなのだ。さらにはウイスキーの発酵温度がビールなどに比べて高く、とくに発酵後半では乳酸菌が活躍するのに適温の30℃付近となっていることも好都合なのだろう。

乳酸菌は発酵モロミにおいて、酵母が利用できなかった糖質や死滅した酵母が体内に溜めていた栄養成分を利用して増殖し、乳酸を生成する。また、エステル成分や揮発性のフェノール成分がさらに増加するのも乳酸菌の活躍による。とくに、芳香成分として知られる環状エステルのラクトン類が生成されるのは、酵母と乳酸菌の共同作業であることが明らかにされている。微生物の力を大いに利用しているウイスキー醸造の特徴がよく出ている例である。

ところで、この乳酸菌の存在を初めて明らかにしたのも、パスツールだった。彼はビールの腐敗について研究をしているときに、乳酸菌の存在を明らかにした。この場合、乳酸菌は悪玉菌として働いているが、ウイスキー醸造に限らず清酒やワインの醸造においても、乳酸菌は品質向上になくてはならない善玉菌として働いている。

とくに酵母と乳酸菌の組み合わせは相性がよい。日本の伝統的な醸造技術である清酒、味噌、醬油づくりにおいては、デンプンをグルコースまで糖化する麹菌と一緒に、酵母と乳酸菌が活躍していることはよく知られている（前述した「併行複発酵」）。また、パンの発酵にも酵母と乳酸菌が共同して働いて、よい香りをパンに付与していることが最近明らかにされている。ワイン醸造でも、酵母によるアルコール発酵が終わったあとに、ワインに多く含まれる酸味の強いリンゴ酸を酸味の穏やかな乳酸に変える役割を乳酸菌が担っていることがわかり、これは「マロラクティック発酵」と呼ばれている。

微生物を大別すると、糖質系天然物を好む群と、タンパク質系天然物を好む群に分かれるが、酵母も乳酸菌も糖質系を好み、しかも、ほかの多くの菌が苦手とする酸性の環境を好む。したがって、乳酸菌が活躍して乳酸が生成され、発酵液の水素イオン濃度が上昇して（pH値は低下する）酸性に移行すると、ますます、雑菌をはじめとするほかの細菌は進入できなくなる。こうして、酵母と乳酸菌だけの世界を確かなものにするのだ。

ちなみに麴菌も糖質系天然物と酸性の環境を好むが、カビの一種である麴菌は酸素がないと生きてゆけず、また液体の中は苦手で固体表層のほうを好む点が、酵母や乳酸菌と少し異なる。

ウイスキーの発酵工程ではどのような乳酸菌が活躍しているかを、ＤＧＧＥ（Denaturing Gradient Gel Electrophoresis）と呼ばれる遺伝子解析の方法を用いて調べた研究がある。発酵の中期以降、そろそろ酵母がアルコール発酵を終えようかという時期から、ラクトバシラス・ファーメンタム、そしてラクトバシラス・カゼイという乳酸菌が活躍を始め、後半にモロミのpHがさらに酸性にシフトすると、ラクトバシラス・アシドフィラスという酸性を好む乳酸菌が交代して活躍する。そのダイナミックな菌相の変化には驚かされる。ラクトバシラス・カゼイやラクトバシラス・アシドフィラスは乳酸菌飲料やヨーグルト製造などで用いられる菌種だが、ウイスキー醸造でも活躍しているのが面白い。

このようにウイスキー造りにおける発酵とは、酵母と乳酸菌という微生物コンビが、香味豊かな発酵モロミをつくりあげている世界なのだ。

菌に与える「住まい」

貯蔵樽が木樽であり、また貯蔵庫が森林に囲まれているイメージが強いからだろうか、ウイスキーと木の組み合わせは、なんとなく相性がいいように思われる。ウイスキーでは醸造の段階でも、「発酵槽」として巨大な木桶を用いる場合がある（図6－4）。桶と呼ぶのは不適当に思えるほどの、いわば巨大な木製のプールだが、これは人間が、乳酸菌に「住まい」を与えるためにつくったものなのだ。つまり、乳酸菌を木桶に住まわせて定着させ、酵母と乳酸菌の共同作業をより安定して進めようという考えからつくられているのである。

発酵槽に新たな麦汁が運ばれてくると、乳酸菌は、栄養豊富な発酵前半は、酵母の活躍にまかせて木桶の表面の住《す》み処《か》でひっそりとしている。そして発酵が終わる頃になると、住み処から顔をだしてきて、酵母が食べることができなかった糖分や、酵母由来のビタミンやミネラル、さらに死滅した酵母の菌体成分やその液胞に溜め込まれた栄養成分などを利用して活躍しはじめるのだ。このような乳酸菌の様子を想像すると私はおかしくてしかたがない。そして、そんな乳酸菌

図6-4　木製のウイスキー発酵槽

たちのために巨大な発酵槽をつくってやろうと思いつつたウイスキー造りの職人たちを想像すると、ますます微笑ましさとおかしさを禁じえなくなる。

　長年にわたって酒造りを続けている醸造所には、その酒造りに適した微生物が住みつくといわれている。発酵槽だけではなく、醸造所の建物や空気にまで、酒造りの応援団としての微生物群がいて、品質のよい酒造りに協力するのだという。このような微生物相は「ミクロフローラ」と呼ばれるが、その働きについてはまだよくわかっていない面もある。最近では、クラシックを聴かせるとミクロフローラがますます協調して活躍するようになり、おいしいお酒ができるという醸造家がいるようだが、本当だろうか。真偽のほどはわからないが、これも想像すると楽しくなる。

ウイスキー醸造のダイナミズム

発酵まっさかりのモロミの様子は迫力がある。モロミの表面は白い泡で覆いつくされ、その泡がプチプチと割れて下から次々と泡が盛り上がってくる。独特の香りがあたりを包み、モロミの中では酵母が踊りまくっていることが容易に想像できる。

この時期のモロミの様子を見るときには、発酵槽に頭をつっこみ過ぎぬように注意が必要だ。モロミの上は二酸化炭素の層が覆っているので、その中にうっかり頭を突っ込んだら大変なことになる。私ものぞき過ぎてコンクリートの壁にぶつかったような衝撃を受けた記憶がある。

前述の嶋谷幸雄氏がこのダイナミックな動きを著書で述べておられる。さすがウイスキー造りの現場を彷彿させる生き生きとした描写なので、それを参考にさせていただきながら発酵の開始から終わりまでを紹介したい（図6－5）。

ウイスキー造りの場合、ビールに比べて麦汁に多量の酵母を添加するので、発酵は順調にスタートするし、発酵に要する時間も短い。開始時の温度は18～20℃くらいで比較的低い。温度が低いほうが炭素数の少ない脂肪酸とそのエステル類が多く作られるので、低温での発酵開始が望ましい。発酵開始後30時間までにエタノールが作られるが、併行してフーゼルアルコール類なども作られる。これらの主要な香味成分は、主にウイスキー酵母によって作られる。炭素の数の多い

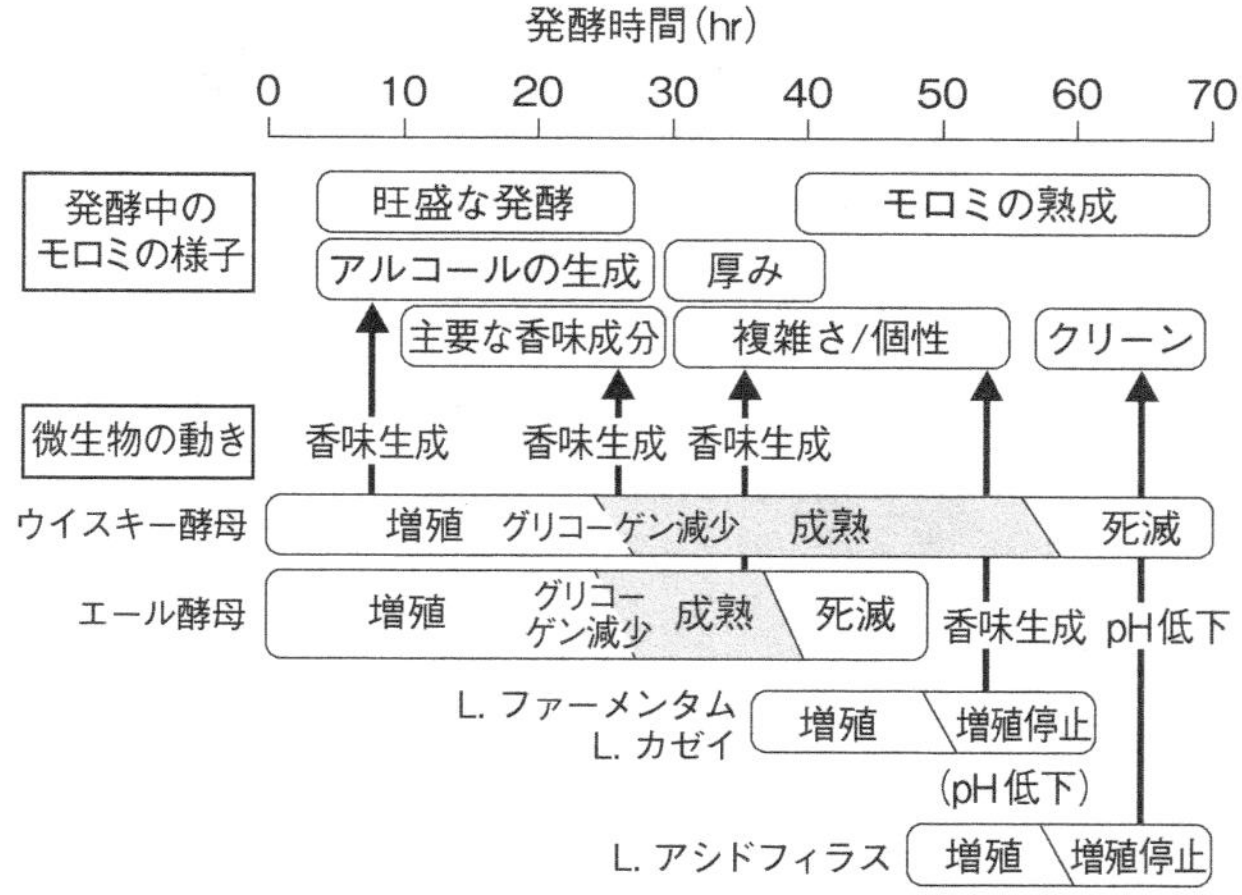

図6-5　ウイスキー醸造中のモロミの様子と微生物の動き

脂肪酸のエステル類はもっと遅れて作られる。

アルコール発酵が終了近くに達し（開始後30時間）、資化できる糖類もなくなってきて栄養が枯渇した状態になると、酵母の内部に大きな変化が起きる。細胞内でエネルギー源として利用されるグリコーゲンが減少し、その結果、酵母体積が小さくなる。ウイスキー酵母もエール酵母も成熟酵母と呼ばれる状態になって共存する。

エール酵母が死滅しはじめる少し前から増殖していた乳酸菌類（ラクトバシラス・ファーメンタムやラクトバシラス・カゼイなど）が、酵母に代わってさかんに増殖するようになり、酵母が利用した糖類の残りを資化して乳酸を生成する。これによってモロミのpHが低下して、飢餓状態のエール酵母は完全に死滅する。死滅した酵母は自己消化して、菌の内部の成分をモロミの中に溶出させる。細胞内に残っていた栄養成分も解放される。この頃から酸性に適した乳酸菌（ラクトバシラス・アシドフィラス）が増えてくる。この乳酸菌は酵母が利用できなかった三糖類や四糖類を資化し、さらに乳酸を作って酸度を高め、モロミのクリーンさを増すことになる。また、この一連の乳酸菌の活躍で香味性や特徴づけに寄与するエステル成分や揮発性フェノール成分が増加する。酵母との共同作業で甘くファッティーな香りのラクトン類もできてくる。

アルコール発酵終了後、酵母が飢餓状態に保たれ（成熟酵母）、第一次乳酸菌、続いて第二次乳酸菌が登場し、それにともなって酸度が急上昇する発酵開始後約40時間から約70時間までは、モロミが熟成する時間であり、ウイスキー造りにとってきわめて重要なのだ。この時期に酵母による香味に加えてさらに多くの有用な微量成分が加わり、ウイスキーにクリーミーさや複雑さを与えると同時に、切れの良いクリーンさや軽やかなエステル香も付加されるのだ。こうして〝豊かな発酵〟がしっかり行われることになる。

ウイスキー醸造とノーベル賞

単独で存在している場合には、アルコール発酵が終了して栄養分が枯渇すると、すぐに死滅に向かうエール酵母が、ウイスキー酵母と一緒にいると枯渇に耐えた状態（成熟酵母）で生存していることは前に述べたとおりだ。増殖したてのエール酵母（フレッシュ酵母）と成熟酵母を光学

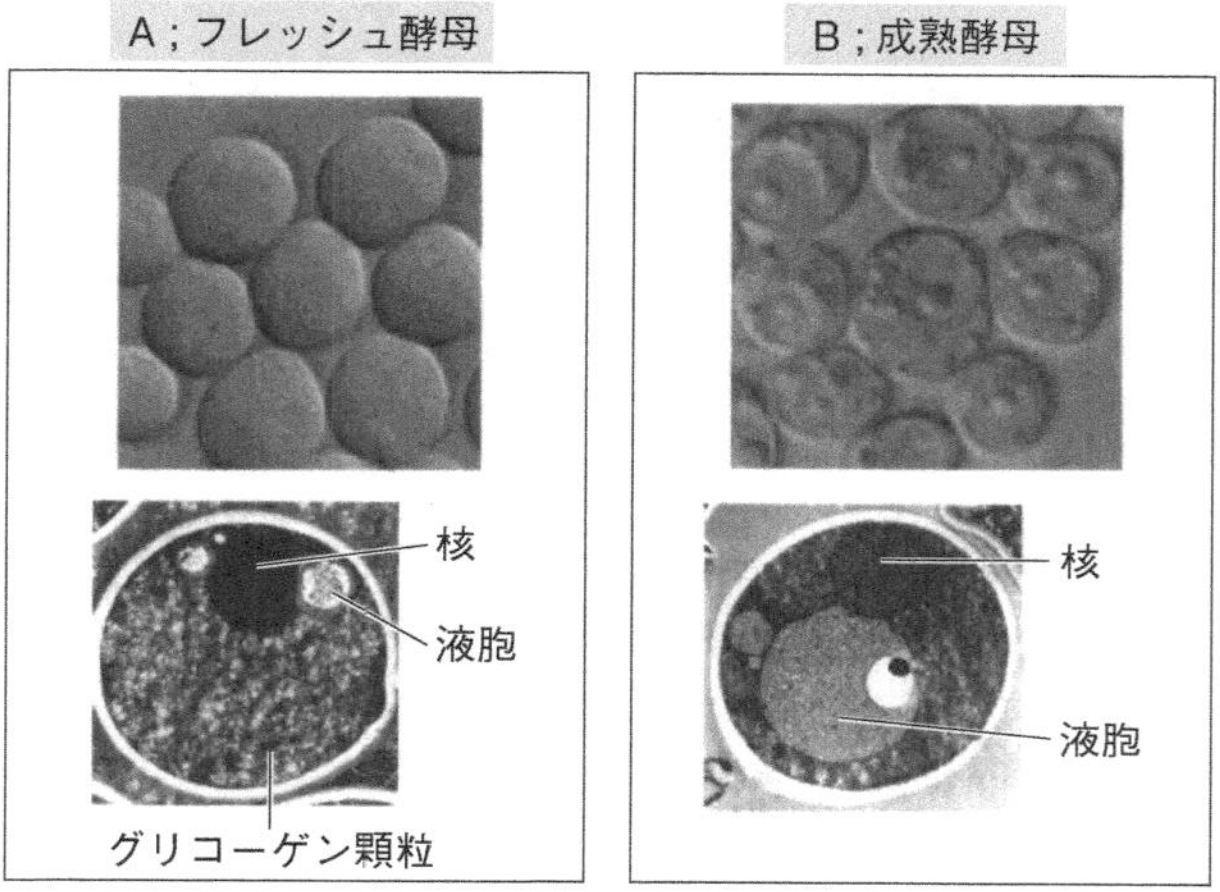

図6-6　それぞれの状態の酵母の顕微鏡観察結果
（四方秀子〈日本醸造協会誌101（5）315-323（2006）〉より）

顕微鏡と電子顕微鏡で観察したところ、フレッシュ酵母では細胞質にたくさんのグリコーゲン顆粒が見られるが、成熟酵母ではほとんど見られない。グリコーゲンの減少に比例して細胞重量が減少していて、栄養分が枯渇した酵母がグリコーゲンを利用していたことがよく理解できる。

一方で、成熟酵母では細胞内に大きなコンパートメントである液胞が発達する（図６-６）。飢餓状態に置かれた細胞は、新たな環境に適応して生存するために、細胞質にある小器官などを膜に包み込んで液胞内に取り込み、分解して、細胞構成成分を作り替えているのだ。この現象は、「自ら（Auto）」を「食べる（Phagy）」という意味で「オートファジー（Autophagy）」と呼ばれている。

2016年ノーベル生理学・医学賞を受賞された大隅良典博士は、酵母のこの現象に興味を持った。酵母は単細胞生物ではあるが、細胞内に小器官を持っており、それぞれが分業して細胞活動を担っている高等な細胞構造を有していて、ヒトと同じ真核生物に属している。大隅博士のグループは、酵母でのオートファジーに関与する遺伝子を特定し、さらにヒトにおいても同じような遺伝子があることを突きとめて、高等生物におけるオートファジーの役割を明らかにした。

オートファジーの基本的な役割は飢餓状態に耐えることだが、哺乳類では受精卵が着床する際に、発生に必要な栄養をため込んだ卵子が栄養源を受精卵に供給する形で、オートファジーが働いているようだ。一方でオートファジーは、細胞を浄化する作用も持っている。神経細胞のような寿命の長い細胞は、オートファジーによって細胞内にゴミがたまらないようにし、神経変性や腫瘍形成を未然に防いでいるということもわかってきた。

このようにオートファジーの役割は非常に多岐にわたっている。われわれの細胞では、常にオートファジーが機能していると言ってよい。この一連の研究に対してノーベル賞が授与されたのだが、そのきっかけとなったのは、酵母の液胞の研究からだったのだ。

この液胞を介してのオートファジーの現象が今日、人類が直面している最前線の科学にまでつながっている一方で、ウイスキー造りにおいてその品質を高めるための2つの酵母と乳酸菌の共同作業のキーともなっている。そのことに面白さと素晴らしさを感じてしまう。

第7章　蒸留の科学

躍り出る酒精たち

ほとばしる〝生命の水〟

酵母と乳酸菌の共同作業によって醸された発酵モロミは、あの錬金術師たちが考えだした銅製のアランビック型単式蒸留器、ポット・スチルに移され、蒸留液としてそのエキスが取り出されることになる。このエキスこそが〝生命の水〟として多くの人の心をつかんだ透明の液体だ。この章では、発酵モロミが〝生命の水〟に変わるさまを、つぶさに見ていくことにしたい。

なお、モルトウイスキーは「ラウドスピリッツ（主張する酒）」、グレーンウイスキーは「サイレントスピリッツ（沈黙の酒）」といわれていることを前に紹介したが、ここでいう「スピリッツ」（spirits）とは、蒸留酒のことだ。日本語では蒸留酒のアルコールを「酒精」ともいうが、「スピリット」（単数形）にも「生気」とか「精霊」という意味がある。たしかに、発酵モロミを蒸留して得られた液体、すなわちニューポットが蒸留器からほとばしるように出てくるさまは、ただのアルコール溶液とは思えない勢いと生気を感じさせる。それが蒸留酒を「スピリッツ」と呼び、そのアルコールを「酒精」と呼ぶ理由ではないだろうか。

液体を加熱していったん気化（蒸発）させたあと、気体を逃さないように集めて冷やせば、再び液体に戻る。液体の加熱を適当なところで止めれば、その温度で気化しやすいエキスだけを気体にして、冷やして得られる液体の中に集めることができる。これが蒸留である。要するに、成分どうしの沸点の違いを利用して、目的の成分を取り出し、濃縮するのである。

蒸留技術は紀元前３０００年頃にはすでにあったが、当初の目的は前にも述べたようにもっぱら香水造りだったらしい。本格的に蒸留酒造りに使われるようになったのは、錬金術師たちが酒の「精」としてアルコールの蒸留液を取り出し、醸造酒を〝生命の水〟に変えようとした8世紀以降である。蒸留の科学は、スピリッツ誕生の科学でもある。

ポット・スチルの美しさ

ウイスキーの発酵モロミは、〝生命の水〟に姿を変えるべく蒸留器に移される。ジャパニーズ、スコッチ、アイリッシュのモルトウイスキーの場合は、「ポット・スチル」と呼ばれる特殊な形状をした銅製の単式蒸留器が用いられる。これはアラビア人を中心とした錬金術師たちが用いていた「アランビック」の流れをくむもので、ウイスキー蒸留所の象徴のような装置ともいえ

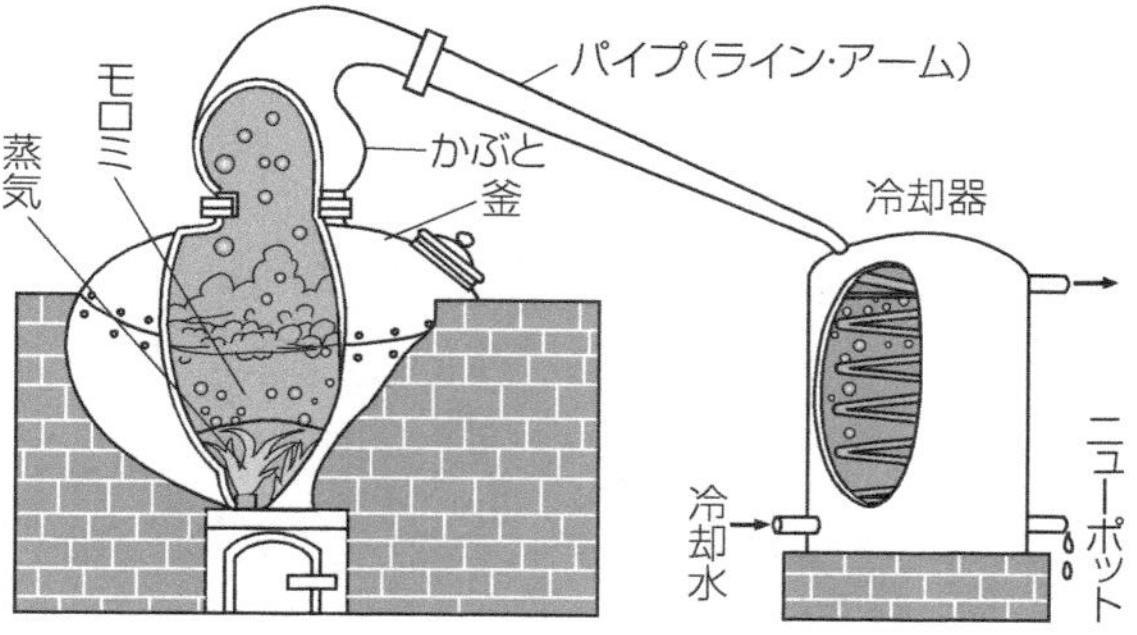

図7-1　ポット・スチルの構造

る。その姿は一度見たら忘れられないほど美しく、印象深い。

ポット・スチルはおおまかにいうと、3つの部分から構成されている（図7－1）。発酵モロミを入れて加熱し、沸点の低い成分を蒸発させる釜の部分、蒸発した蒸気を冷却凝縮させる冷却器の部分、そして釜と冷却器をつなぐパイプである。また、釜の上部のパイプがつながっている部分はふくらんでいて、「かぶと」と呼ばれている。したがって蒸留器を外から見ると、丸みを帯びた曲線が美しい釜とかぶと、そこから優雅に伸びたパイプ（ライン・アームともいう）、さらに冷却器が連なっている。その姿は工場の装置というより、芸術的な工芸品の観を呈しているといえよう。とくにかぶとから出たパイプは、その形状の優美さから「スワン・ネック」（白鳥の首）とも呼ばれている。

しかも蒸留器はすべて銅でできているので、蒸留所を訪ねて蒸留室に入った者は、赤銅色に輝く巨大な蒸留器が並ぶ想

図7-2　さまざまな形状のポット・スチル

像を絶した光景に目を見張ることになる。そして蒸留室の中は暑い。蒸留に伴って室内に漂う蒸気が立ち込めているせいだ。それはあの熟成してまろやかなウイスキーの香りを思わせるというより、むしろ荒々しく猛々《たけだけ》しい若武者の匂いのようだ。蒸留の現場に立ち会うと、たいていの者は、その勢いにすっかり圧倒されてしまう。

ところで、図7－2の写真でもおわかりいただけると思うが、ポット・スチルはどれも少しずつ形が違っている。これは決して奇をてらっているわけではない。あとでくわしく述べるが、ポット・スチルの形が違うと、できあがるニューポットの品質も異なってくるのだ。さまざまなタイプのニューポットをつくるために、ポット・スチルの形状を変えているのである。

低沸点成分の複雑な挙動

沸点の低い成分を蒸発させて、優先的に取り出すのが蒸留技術だ。ウイスキーの発酵モロミの主成分は水と発酵由来のエタノール（エチルアルコール）であり、水より沸点が低いエタノール（水は100℃、エタノールは78・3℃）が蒸留によって水より先に気化して濃縮されるため、蒸留液のエタノール濃度は高くなる。

しかし発酵モロミにはエタノールのほかにも、原料の大麦麦芽やピート由来の成分や、発酵由来の高級アルコール（炭素数の多いアルコール）とその酢酸エステル、種々の有機酸類とそのエチルエステル、グリセロールや環状のエステルであるラクトン類など、非常に多くの成分が含まれている。また、これらの原料や発酵由来の成分に加えて、酵母や乳酸菌の菌体成分も含まれている。このように多様な成分を含む発酵モロミが蒸留されることによって、そのうちの多様な低沸点成分が取り出され、これらがニューポットの特徴を決定する。代表的な低沸点成分は、高級アルコール、有機酸類、エステル類、カルボニル類であり、成分の数としては数百を超える。だが、ニューポットを特徴づけるという点では、個々の成分の含有量よりも、その香りや味の強さが大きな意味を持ってくる。

蒸留によってどのような成分が取り出せるかは、基本的にはこれらの低沸点成分の沸点がわか

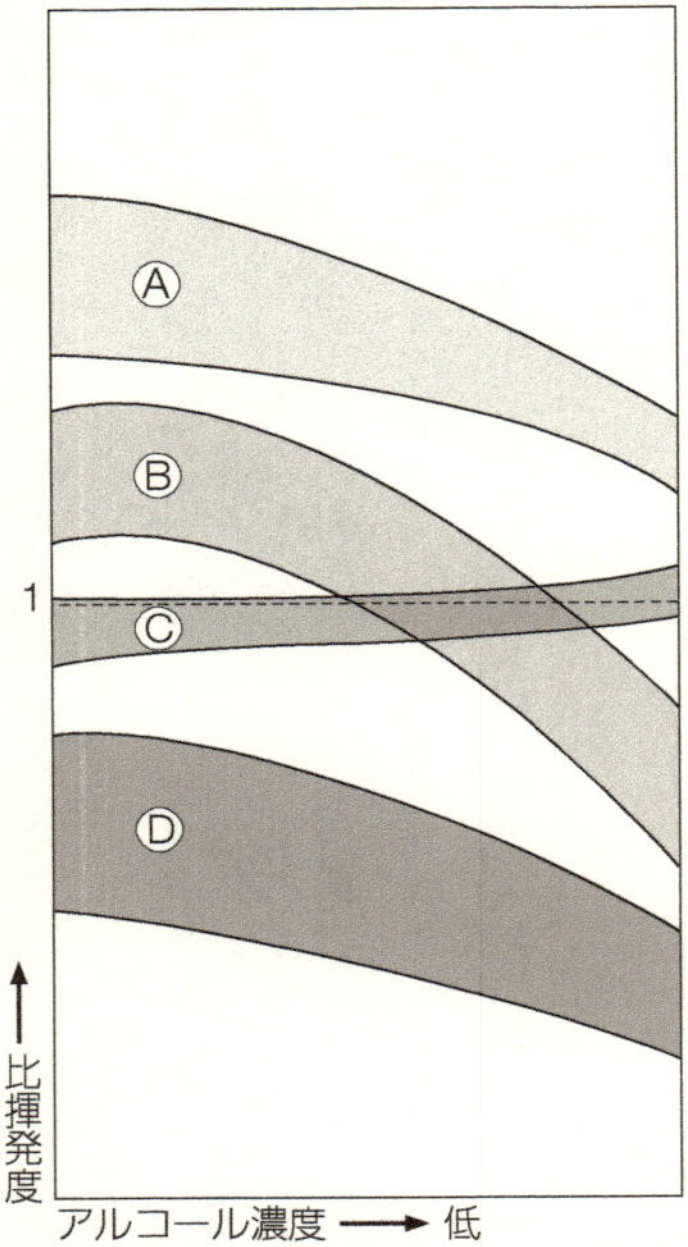

図7-3　発酵モロミの成分の４つの蒸留パターン
点線がエタノールの揮発度
（『ウイスキー博物館』の図を改変）

れば予測できるはずだ。しかし、それが一筋縄ではいかない。エタノール溶液中での成分の蒸発のしやすさは、個々の沸点だけではなく、その成分の濃度や、水とエタノールそれぞれに対する親和性などによっても左右されるからだ。さらにややこしいことには、蒸留中には釜に残っている発酵モロミのエタノール濃度は刻々と変化する（もちろん次第に低濃度になる）ので、いっそうその挙動は複雑になる。

発酵モロミに含まれる成分の蒸留中の挙動は、エタノールを基準にして大別されている。すなわち、(A)蒸留を通してエタノールより蒸発しやすいもの、(B)蒸留前半のエタノール濃度が比較的高いときはエタノールよりも蒸発しやすいが、蒸留後半になってエタノール濃度が低くなると蒸発しにくくなるもの、(C)蒸留を通してエタノールと同じ挙動をとるもの、(D)蒸留を通してエタノールより蒸発しにくいもの、の４タイプに分けられる。図７-３に、各タイプの成分の典型的な

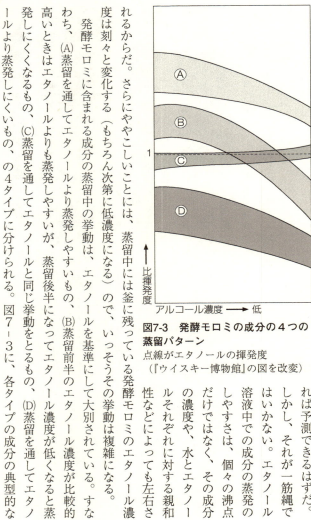

蒸留パターンを示した。ニューポットの中では当然、Aタイプの成分は濃縮され、Dタイプの成分濃度は相対的に希薄になる。

絶妙な設計

このように、蒸留によってエタノール以外にも多数の低沸点成分が複雑な挙動をとりながら取り出されてくるわけだが、ウイスキーの場合、ポット・スチルの形状がますます、成分の動向を複雑なものにしている。

釜の中で加熱されて蒸発した成分は、釜の上部のかぶとまで上がってくる。ところがこの間に、成分によっては、器壁に触れることで冷やされて凝縮し、再び釜に戻ってしまうのである。この現象を「分縮」という。分縮が起こると、低沸点成分は再び蒸留されることになり、それだけエタノールの純度が高くなる。これを「精留」という。

分縮の程度は、ウイスキーに香味を与える成分が留出する度合いに影響を及ぼす。したがって蒸留器のかぶとの大きさや形状が、ウイスキーの品質に大きく影響することになるのだ。たとえば、かぶとの表面積が大きければ、成分が器壁に触れる時間がふえて分縮率（分縮の程度）も上がり、精留効果が高まるためにすっきりしたタイプのウイスキーになるし、かぶとの表面積が小さければ、その逆のタイプのウイスキーになる。

ポット・スチルは、これらの効果を計算に入れたうえでさまざまな形状をとっているのだ。かぶとの表面積が小さく、ほとんどくびれのない形状はストレートヘッド、1回くびれた「重ねもち」のような形状はランタンヘッド、2回くびれた二段重ねのような形状はボールヘッドと呼ばれる。一般的にはくびれが多いほど、蒸発成分がポット・スチルで滞留する時間が長くなって、すっきりした軽めのニューポットになる。

　かぶとから出た蒸発成分は、細く伸びた首の部分を通って、首から横に出ているパイプへと入っていく。ニューポットの品質は、パイプの首の部分の長さ、そして首とパイプの取り付け角度によっても影響を受ける。首が長ければ、蒸発成分がポット・スチルに滞留する時間が長くなるため、すっきりしたタイプのニューポットになるし、逆に短ければ重めのタイプになる。また、パイプの角度が上向きの場合は、パイプまで来た香気成分の一部は冷やされてポット・スチルに戻り、精留効果が高まるため、すっきりしたタイプのニューポットになる。逆に下向きの場合には重めのタイプになるし、水平の場合はその中間ということになる。

　また、蒸留中には泡が発生するが、この泡の形成がニューポットの品質に及ぼす影響も大きい。形成された泡は蒸発成分以外のモロミの一部を含んでポット・スチルの上部に上がってくる。ストレートヘッド、ランタンヘッド、ボールヘッドの順にかぶとの表面積が小さいほど泡は上がりやすい。やがて泡は破裂するが、泡膜にはモロミ中の本来は蒸発しない重い成分も含まれている。これが泡の破裂によって小さな液滴となり、下からの強い上昇気流に乗って、その一部がパイプを通ってニューポット成分として留出する。これは「泡効果」と呼ばれる。

このようにポット・スチルの大きさと形は、分縮と泡効果を介して、ニューポットの香味形成に影響を及ぼす。しかし、釜と品質とのかかわりについていうなら、加熱方式の違いによる影響のほうが大きいだろう。

加熱のしかたは、昔は石炭による直火方式だったが、いまはほとんどの蒸留所が蒸気による間接加熱方式に切り替えている。発酵終了モロミには、酵母菌体・乳酸菌体のほかにも多くの固形分が含まれている。それらを一括して蒸留釜に持ち込んで加熱する直火方式では、釜の底に菌体や固形分が沈み、焦げてしまうのだ。それを防ぐためには、釜内部に攪拌機を設けて、攪拌しながら蒸留しなくてはならない。

その点、蒸気による間接加熱方式であれば、釜内部に加熱コイルなどを設ける必要はあるけれど、固形物が焦げつく心配はない。また、エネルギー効率がよく、蒸留後の清掃もしやすい。さらに、釜の銅の厚さも薄くてよいので製作コストも安い。したがって、品質に大きな差がなければ間接蒸気加熱方式が選択されてゆくことになると考えられる。

しかし、それでもなお直火方式にこだわる蒸留所がある。それは直火方式を用いると、パンや穀物を焼いたときの快い香り、酵母菌体の分解の香り（イースティーフレーバー）、アミノ酸・

糖の加熱反応からのカラメル様の香りが生まれ、芳香成分であるβ－ダマセノン（バラの香りといわれている）生成も加速されて、ニューポットの香りの豊かさの幅が広がるためである。

このように、一見すると形状の優雅さだけに目を奪われるポット・スチルには、ウイスキーの品質にかかわる非常に多くの工夫を凝らした設計が施されている。その姿には、ウイスキーの造り手たちが、どんなタイプのウイスキーを造ろうとしているかというメッセージが込められているのだ。

銅でなければならない理由

ポット・スチルの話をもう少し続けたい。

じつはポット・スチルが銅でできていることも、ウイスキー造りでは非常に大きな意味を持っている。おそらく蒸留器が発明された当初は、軟らかく、加工しやすい素材という理由から銅が用いられたのだろう。しかし反面、銅は非常に高価だし、耐用年数も短い。現代であれば、たとえばステンレスなどを代用したほうが安上がりで便利なのだが、それでは品質的に、とてもウイスキーとは呼べないものにしかならないのだ。銅には金属触媒としてさまざまな反応に関与する性質があり、そのことがウイスキー造りに大きく貢献していることが、近年になってわかってきたのである。

発酵モロミを蒸留して得られる低沸点成分は、すべてが快い香りを持っているわけではない。とくに、硫黄系の成分は扱いが難しい。温泉で嗅《か》ぐ硫黄の匂いはそれなりに魅力があるが、それがウイスキーに含まれていたら話は別だろう。「温泉卵の香りのするウイスキー」はあまり頂戴する気になれない。ところが発酵モロミには、酵母菌体中の含硫アミノ酸に由来する硫黄成分が含まれている。なかでも硫化水素をはじめとするチオール化合物は悪臭で知られていて、困った存在なのだ。だが幸いなことに、銅にはこれらのチオール化合物と反応して捕捉する性質があり、不快な臭いが蒸留液に入り込まないようにしてくれる。チオール化合物は主にパイプから冷却部（コンデンサー）の蒸気凝縮過程で捕捉されることが明らかにされている。また、過剰な脂肪酸も銅と結合して除かれる。異臭のもととなる主要な化合物であるジメチルスルフィド（ＤＭＳ）の場合、銅釜で約70％は除去されてしまうということだ。

ただ、すべての硫黄化合物が悪者というわけではない。発酵工程でできるごく微量の硫黄化合物はウイスキーの香味に厚みをつけるうえで好ましい場合もあり、なかなか加減具合は難しいのだが、これが嗜好の世界ということだろう。

さらに、蒸留工程では加熱によって、β-ダマセノンやフルフラールなどの特徴ある香り成分の生成、糖とアミノ酸のメイラード反応、有機酸とアルコールのエステル化などが進行することが知られているが、熱効率がよく、触媒効果を持つ銅製のポット・スチルは、これらの反応を促進すると考えられている。たとえば銅の表面にできる緑色の塩基性炭酸銅は、アルコールと有機酸をエステル化して、香味を持たせるうえで大きな効果があることが報告されている。

初留、再留、ニューポット誕生

モルトウイスキーのジャパニーズとスコッチでは、蒸留は通常、2度にわたって行われる。いずれもポット・スチルを用いた単式蒸留であり、最初の蒸留を「初留」、2度目の蒸留を「再留」と呼ぶ。

ポット・スチルの容量にもよるが、初留は通常、5〜8時間かけて行う。初留によって発酵モロミ中の低沸点成分が蒸留液に移行すると同時に、モロミ成分の熱分解や熱化学反応による香気成分の副生成が行われる。初留でエタノールはほぼ出尽くすまで採取される。エタノールが出尽くした段階での蒸留液の体積は、もとの発酵モロミ体積の約3分の1になる。したがってエタノール濃度は発酵モロミの約3倍になる。ウイスキーの場合、発酵モロミのエタノール濃度は通常6〜7%だから、初留のあとでは蒸留液のエタノール濃度はその3倍の18〜21%となる。

初留を終えた蒸留液は、再びポット・スチルに送られて蒸留される。これが再留である。少しまぎらわしいが、再留はさらに、前留・中留・後留の3段階に分かれる。再留にかける時間は通常、初留よりやや長く、6〜8時間強である。その内訳は、前留が10〜30分、中留が1〜2時間、残りが後留ということになる。

再留を始めて最初に留出してくる液を、前留液という。前留液は非常に揮発性に富んでいて、刺激性の強い成分を多く含むため、通常はニューポットに入らないようにする。この操作を「前留カット」という。また、最後の後留の段階になると、蒸発しにくい成分が多くなって雑味のもとになるので、時機を見て採取を停止する。これを「後留カット」という。ここでカットされた前留区分と後留区分は初留液と一緒に再留にまわることになる。

つまり再留とは、前留カットと後留カットの間の、中留区分で出てきた蒸留液を採取する操作というわけだ。そしてこの液体こそが、その後の長期にわたる貯蔵・熟成工程の主人公、ニューポットとなる（図7－4）。だから、前留カットと後留カットをいつ行うかには、非常に厳しく注意が払われる。前留カットが早すぎると揮発しやすい成分が多くなって刺激が強くなりすぎるし、遅すぎれば大切な部分まで逃してしまう。後留はウイスキーに必要な成分や香りを含んでいるが、穀皮臭・モロミ加熱臭・石鹼臭などと呼ばれる成分も含んでいる。後留カットが早すぎると、香りはいいが複雑な魅力に欠けてしまうし、遅すぎると揮発しにくい成分が多くなりしつこさがつきまとう。その判断には、長年にわたり蓄積された知識と経験が必要なのだ。

こうしてみてくると、中留による蒸留液がいかに丁寧に採取されているかも容易に想像がつく。スコッチでは、中留区分を「ハート」と呼んでいる。この区分が大切にされていることが推

図7-4　ポット・スチルから留出するニューポット

しはかれる呼び名だ。

さて、再留で得られる蒸留液のエタノール濃度は、初留の場合と同じく、蒸留前のおよそ3倍になる。初留を終えた段階でのエタノール濃度が18～21%だから、約60%ということになる。つまり、これがニューポットのエタノール濃度というわけだ。

アイリッシュの場合は3回蒸留するため、さらにエタノール濃度は高くなるが、ジャパニーズやスコッチのほとんどのニューポットは、エタノール濃度が55%から67%の間にある。この数値は、発酵モロミを2度の単式蒸留にかければ結果的にそうなるのであって、初めから意図したものではないかもしれない。しかし、この濃度がウイスキー造りにおいては非常に大きな意味があることを、のちの貯蔵工程に入って知ることとなる。

「パテント・スチル」の皮肉

さて、ニューポットが誕生したところで、いったんモルトウイスキーの工程から目を転じ、グレーンウイスキーの蒸留についても見てみよう。

いうまでもなく蒸留は、1回より2回したほうが、揮発度の高い低沸点成分が濃縮されてエタノール濃度が高くなる。これをさらに繰り返してゆけば、どんどんエタノールを主成分とする低沸点成分が濃縮されてゆくことになる。これが前にも述べた精留である。連続的に蒸留を繰り返すことによって高い精留効果をあげて、モルトウイスキーよりもはるかにエタノール濃度が高い蒸留液をウイスキーに仕上げたものが、グレーンウイスキーなのだ。

グレーンウイスキーの誕生は、連続式蒸留機の発明・普及に負うところが大きかった。発明のきっかけは、あるウイスキー職人の税金対策である。

１７８０年代から１７９０年代にかけて、ロンドン（イギリス）政府はポット・スチルの釜容量に対して税金をかける制度を導入した。これに対し、ローランドで蒸留所を所有していたロバート・スタインが、釜を大きくしなくても効率よく蒸留ができないかと知恵をしぼり、連続式蒸留機を考案したのである。１８２６年のことだ。

その後、１８３１年に、この装置は改良され、現在広く用いられているものの原型が作り上げられた。改良したのは、アイルランドの収税官吏だったイーニアス・コフィーだ。税金逃れのために発明された機械を、税金を取り立てる側の人間が改良したのだ。しかもコフィーは、この装置によって特許まで取得してしまった。だから、この装置はコフィー・スチルとも、特許（パテント）にちなんでパテント・スチルとも呼ばれている。発案者のロバート・スタインの名はどこにも残っていない。

この2人のことを想像すると、私は何となくほほえましい気持ちになる。新しいことを考え出すには相当なエネルギーが必要だ。蒸留所の主だったロバート・スタインは、「何とか税金対策をしなくては」と必死の思いだったに違いない。その必死さがエネルギーとなり、連続式蒸留機に思いが至った。一方で、発明を特許として出願するには、それがどれほど新奇で、有用なものかを訴えるために自身で客観的に評価することが必要だ。ロバート・スタインが必死に発明した蒸留機を見て、イーニアス・コフィーは税を取り立てる側の冷静な視点から「おや、うまいことを考えついたな。税金逃れの装置だけど、こりゃ面白い」と、その優秀性を評価したに違いない。その客観的な目が、連続式蒸留機の改良、特許出願を成功させ、大いに富と名声を得る結果につながったのだろう。

連続式蒸留機は、精留塔とモロミ塔の2つの部分を基本としている（図7－5）。モロミ塔の中は多数の棚で仕切られている。発酵モロミは、まず精留塔の中の配管に連続的に供給される

（①）。この配管を通過してゆくうちに熱せられたモロミは、モロミ塔に導かれ（②）、塔下部からの蒸気によって加熱されながら、各棚をめぐりつつ塔下部に至る。各棚の流通は自在になっているので、モロミは下へ下へと降り、蒸気は上へ上へと昇る。各棚では、下部から上がってきた蒸気による棚の上のモロミの再蒸留が行われる（③）。

この過程を繰り返すことによって、効果的にアルコール濃度が増加する。何十段も通過すると、最後には90％以上にもなる。気化したアルコール分は精留塔に移動し、さらにコンデンサーで冷却されてスピリッツとなる（④）。アルコール濃度が高くなるにつれ、副生物は減少して、純粋アルコールに近いスピリッツが得られる。

また、コンデンサーに至る前に精留塔で凝縮した液をフェインツと呼ぶが、これには、まだアルコール分が相当含まれているためモロミ塔に戻され（⑤）、引き続き蒸留されてアルコール分が無駄なく回収される。モロミ塔の下部に達したモロミ粕には、もうアルコール分は含まれていないので、モロミ塔の底に溜まり、外へ排出される。

このように連続式蒸留機では、最後には純粋に近いアルコール成分が得られ、その濃度も90％以上と非常に高い。したがって、原料や発酵過程の違いなどはあまり反映されず、副生物の少ない、個性の弱いウイスキーとなる。これがグレーンウイスキーだ。通常、グレーンウイスキーはトウモロコシなどを原料として発酵モロミをつくっている。

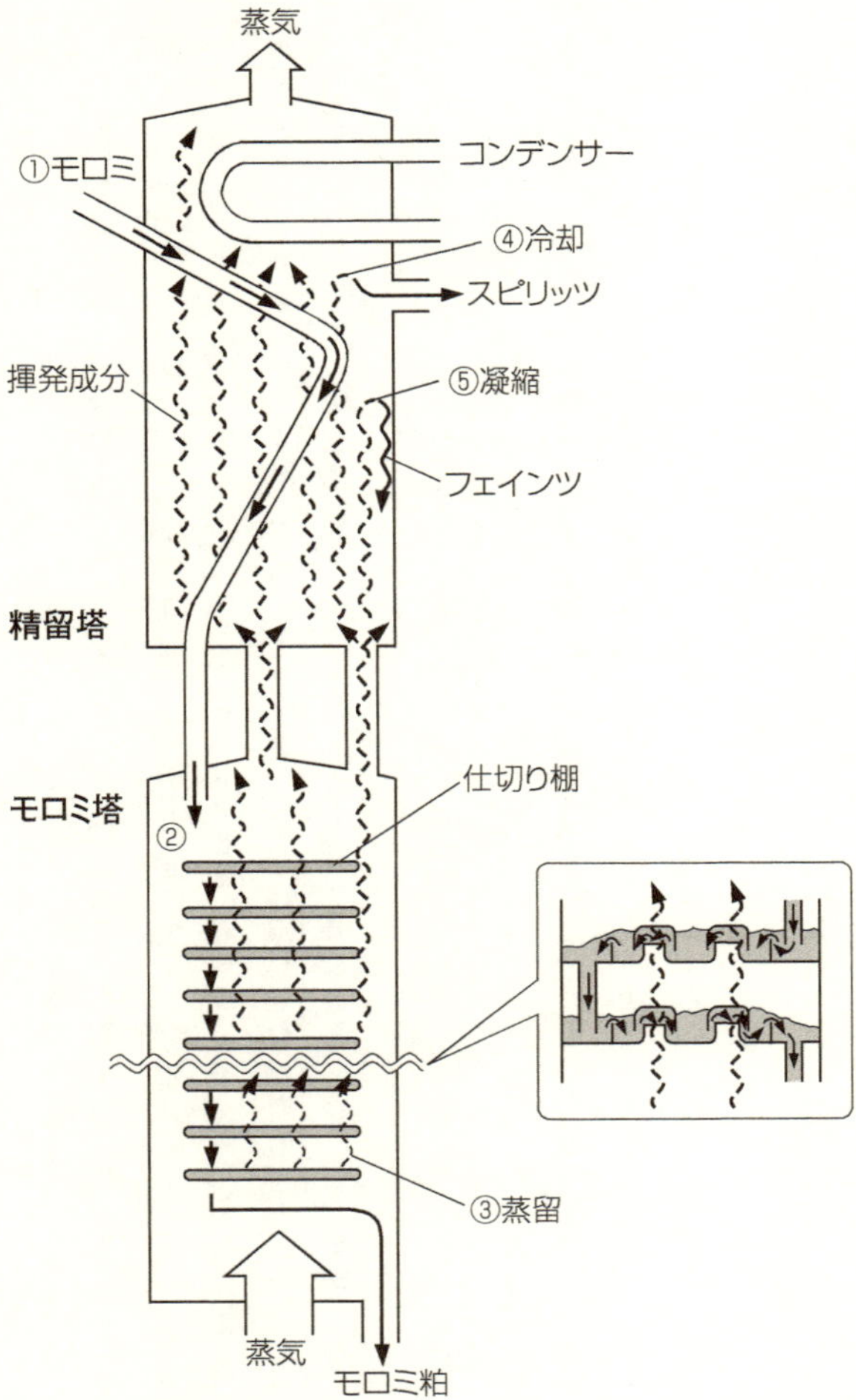
蒸気
①モロミ
コンデンサー
④冷却
スピリッツ
揮発成分
⑤凝縮
フェインツ
精留塔
モロミ塔
仕切り棚
②
③蒸留
蒸気
モロミ粕

図7-5　連続式蒸留機

大麦麦芽を原料とした発酵モロミをポット・スチルで蒸留したモルトウイスキーは、強い個性を持っている。言い換えるなら、個性が強くなるように製麦・仕込み・発酵・蒸留の各工程で工夫がなされてきたウイスキーである。だがそれだけに、ときとして、そのまま飲用に供するには個性が強すぎることがある。モルトウイスキーがラウドスピリッツ（主張する酒）といわれるゆえんだ。

そこで、モルトウイスキーの声の大きさを和らげるために、サイレントスピリッツ（沈黙の酒）と呼ばれる、グレーンウイスキーの静かさが利用される。個性の強い酒、弱い酒、さまざまなタイプのモルトウイスキーとグレーンウイスキーを用いて、完成度の高いウイスキーに仕上げるのがブレンダーの役目だ。その結果できあがった製品がブレンデッドウイスキーであり、これはもっとも多くの人が愛飲する、ほどよい声音のウイスキーということになる。

イーニアス・コフィーの連続式蒸留機は、その後、さらに改良が加えられて精留度を増して現在に至っている。しかし、サイレントスピリッツであってもクリーンになりすぎずグレーン由来の風味を残すことの大事さも指摘され、コフィーの連続式蒸留機の良さも見直されている。ある程度、「囁き」のあるサイレントスピリッツが求められているのだ。

第8章 樽の科学

品質を左右する神秘の器

造船技術が生んだ「曲線」

樽の発明は、人類最大の容器革新だったのではないだろうか。

紀元前1世紀のローマには、すでに樽があったという。それまではワインやビールは陶器で持ち運びされていたが、軽量で壊れにくい樽の登場によって格段に運搬効率がよくなったに違いない。液体を入れても漏れることのない樽を人間が手に入れることができたのは、木造船を建造する技術の進歩に負うところが大きかったようだ。古代エジプトにはすでに木造船があったというし、古代ローマでは森林が大規模に伐採されて、ポエニ戦争を勝ち抜くために木造船が急造されたという。当然、曲線を描きつつも水が漏れない、船底づくりの技術も進歩したに違いない。

古代ローマ人が用いていた洋樽は、側面の板が曲げられていた。これに対して、日本で室町時代以降につくられたといわれる清酒用和樽は、樽の側面の板が真っすぐである。しかし当時は、洋樽も和樽と同じように、縦に置いて使っていたらしい。現在のウイスキー樽のような両側を絞り、真ん中がもっとも膨らんだ形で、横に置いて使用する洋樽がいつから登場したのかはわからない。しかし、この形状だからこそウイスキー樽は保管用の容器としてのみならず、「熟成」という観点からもすばらしい効果をあげるのだから、名もなき先人に感謝せずにはいられない。

5種類の樽

ニューポットを貯蔵する樽は、「ホワイトオーク」や「ヨーロピアンオーク」と呼ばれる材からつくられる。オークは真っすぐに伸びる高木で、イギリスでは〝森の王〟と呼ばれている、威厳のある木だ。全世界に７００種類もあるオークのうち、ウイスキーの樽に用いるのはブナ科コナラ属のもので、学名をクェルクス属（*Quercus*）という。「クェルクス」はラテン語で〝美しい木〟という意味だそうだ。クェルクス属だけでも３００〜３５０種もある。

ホワイトオークは米国の北東部からカナダ南東部に分布しているのに対して、ヨーロピアンオークはヨーロッパ全土から北アフリカ、西アジアに分布していて、「サマーオーク」とも呼ばれている。ヨーロピアンオークの主要樹種は、コモンオークとセシルオークである。コモンオークのうちフランスのリムーザンで産出されるもの（フレンチオークともいう）はブランデーのコニャックの熟成に、スペインで産出されるもの（スパニッシュオークともいう）はシェリー酒の熟成に用いられている。イギリスは昔からシェリー酒の最大消費国であったため、その空き樽を組みなおしてウイスキー貯蔵用に用いていた。だが、最近はシェリー樽にこだわらずホワイトオーク樽を用いるスコッチも多いし、ホワイトオークからシェリー樽をつくる場合も多い。日本のミズナラでつくられたウイスキー用の樽も注目されている。これは「ジャパニーズオーク」ということになり、「ミズナラ樽」と呼ばれている。

これらのオークに特徴的なのは「チロース」と呼ばれる、キラキラ光る泡状の充塡物が導管に詰まっているものが多いことだ。とくにホワイトオークに顕著だといわれている。チロースは導管の周囲の柔組織が膨れて導管に出てきたもので、これが発達していると漏れが軽減されるので、長い年月を要するウイスキー貯蔵に適している。

ウイスキーに用いられる樽は容量と形によって、通常は5種類に分けられる（図8-1）。まず、容量約480リットルの樽には、ずんどう形の「パンチョン」、細長の「シェリーバット」、そしてミズナラ樽がある。このうちシェリーバットは前述のスペイン産コモンオークでつくられたシェリー酒用の樽で、シェリー酒貯蔵後の樽を用いるためこう呼ばれる。容量約230リットルの樽は「ホッグスヘッド」だ。「豚の頭」という意味だそうな。そして、もっとも容量の小さい約180リットルの樽は「バーレル」と呼ばれている。

樽の種類によって、貯蔵後のウイスキーの品質は大きく左右される。樽の容量が小さければ、

図8-1　ウイスキー貯蔵に用いられる５種類の樽。右からパンチョン、ミズナラ樽、シェリーバット、ホッグスヘッド、バーレル

貯蔵されるウイスキーの単位容量当たりの、樽の表面積は大きくなる。つまりウイスキーと樽との接触機会が多くなるから、ウイスキー品質への樽の影響は強く出る。樽の影響が強く出すぎると、ウイスキーは品質のバランスを崩す。このことを現場では、「樽に負ける」と表現する。

パンチョン、ホッグスヘッド、バーレルはホワイトオークで作られる。ミズナラ樽は前述のとおりジャパニーズオークのミズナラで作られるが、場合によっては樽の一部をミズナラ材で置き換えることもある。

米国のバーボンウイスキーは新樽のバーレルで貯蔵しなければならないと法律で決まっているが、モルトウイスキーのスコッチやジャパニーズではどの樽を使うかは自由で、蒸留所ごとのウイスキー造りのポリシーにしたがって選ぶことができる。樽の内面の焼き加減（チャーと呼ばれている）にもよるけれど、ホワイトオーク樽で熟成したウイスキーは軽快でバニラ様やココナッツ様の甘い香りが特徴的。一方、コモンオークのシェリー樽のウイスキーはポリフェノール、タンニン、色素などの影響が強く現れて、樽原酒特有の濃い赤みを帯びた色合いになり、香味は重厚になるという。最近はウイスキーならではの豊かな味わいに強くこだわって、わざわざスペイン産コモンオークでシェリー樽を作り、シェリーメーカーに預けている蒸留所もある。一方、ミズナラ樽を使った場合は、甘く華やかな香りが強く、熟成年数の長いものではお香を想像させる複雑でオリエンタルな香りがあり、口に含むと独特の香りが余韻として長く続くという。今日ではこのミズナラ樽が、ジャパニーズウイスキーに固有の味わいを生み出すものとして、海外でも広く知られるようになり、その存在感が高まっている。

なぜ「柾目取り」なのか

蒸発しやすいエタノール溶液を主成分とするニューポットを、長期間にわたって樽に入れて貯蔵するには、漏れのない、きっちりした樽に仕上げなければならない。逆に言うなら、きっちりした樽をつくりあげることができなければ、よいウイスキーを造ることはできない、ということになる。したがって、よい蒸留所には必ず、樽づくり専門の腕利きの樽職人（スコットランドでは「クーパー」と呼ばれている）が働いている（図８－２）。

樽材の厚さはバーレル樽で25ミリ、パンチョン樽で32ミリ。これほどの厚みがある樽材を切り出すためには、樹齢１００年のオークが必要といわれている。しかも、樽材には「柾目《まさめ》取り」という、無駄の多い贅沢な切り出し方が求められる。

柾目取りとは、中心の髄から樹皮に向かって放射状に切り出す方法である（図８－３Ⓐ）。このように切り出すと、オーク材を縦横に走っている導管と放射組織が、切り出された樽材の表面に顔を出さないようになる。導管とは根から茎や葉に水分や養分を運ぶ通り道であり、放射組織は木の中心から樹皮のほうに向けての養分の通り道だ。いずれも、水溶液が通りやすい組織になっている。樽にウイスキーを入れて貯蔵する際、樽材の表面と裏面をショートカットする形で導管や放射組織が走っていると、樽の中のウイスキーはそれを通って外にどんどん漏れ出して

図8-2　樽づくり専門の職人

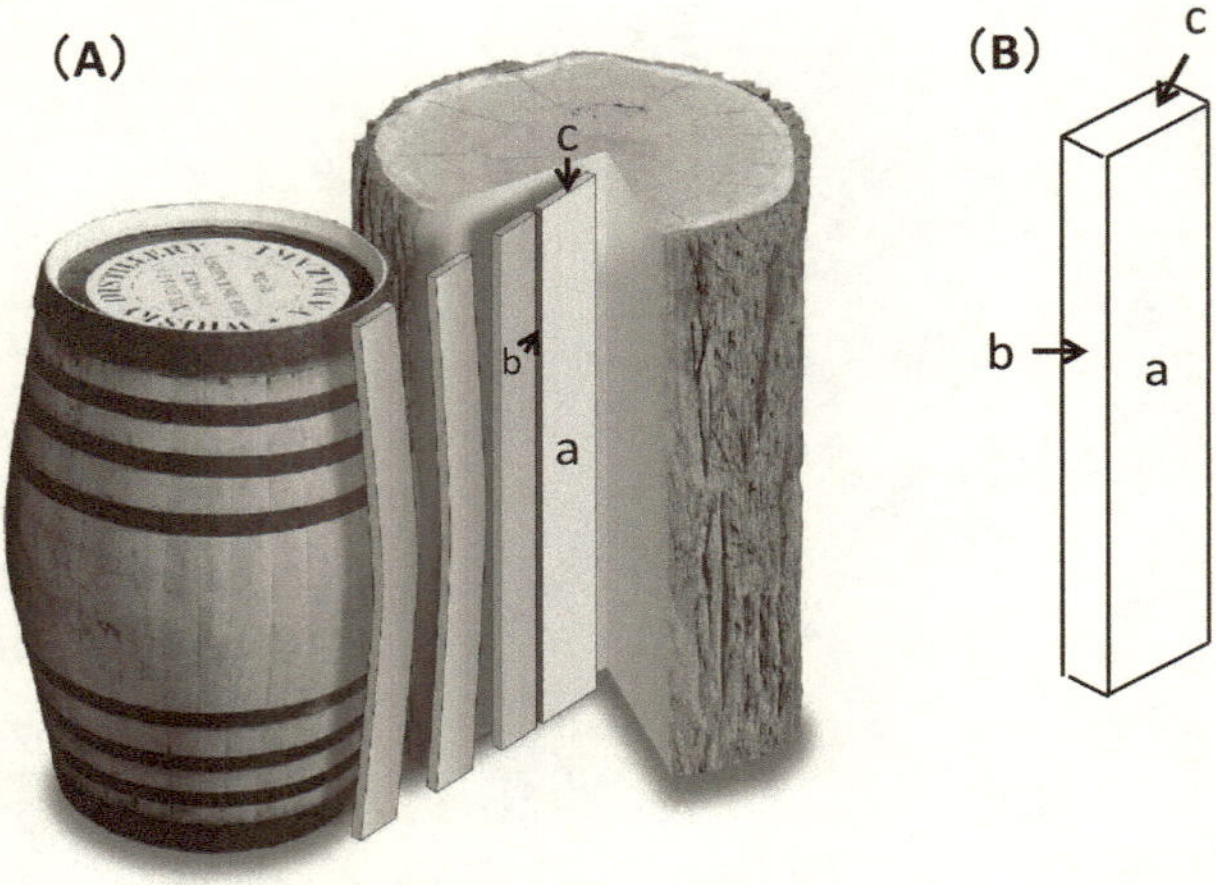

図8-3　オーク材からの柾目取り（A）と柾目取り樽材の３つの面（B）
a：柾目面　b：板目面　c：木口面

しまう。柾目取りはそれを防ぐための切り出し方であり、長期間の貯蔵を要するウイスキー造りには必須のノウハウなのだ。

これに対し、髄を取り囲むように樹皮に沿って切り出す方法を「板目取り」と呼ぶ。板目取りはウイスキー樽には不向きだが、無駄が少ない切り出し方であり、材表面には派手な生長輪の模様が現れる。余談だが、東京で昔、よく見られた木造家屋の板塀はみな板目取りで、さまざまな模様が見えたものだ。板塀の家は私にとっても懐かしい原風景の一つである。

なぜ自然乾燥なのか

さて、柾目取りした樽材は、まず、しっかりと乾燥される。樽材の中に水分が残っていると、ウイスキーの品質に影響を及ぼす。生木の香りでも付着しようものなら、もうウイスキーではなくなってしまう。もう一つは、漏れの問題だ。乾燥が十分ではない材を樽に用いて貯蔵すると、貯蔵中に乾燥が進んで収縮し、材と材の間にすきまができてしまうのだ。そうなってはウイスキーが漏れ出してしまう。また、乾燥度の異なる材を組み合わせて樽をつくると、収縮度が異なるために材の特定箇所にひずみが生じ、割れやヒビの原因になる。

そうした事故を防ぐために、切り出された樽材は何年もかけて自然乾燥される。樽職人たちは、樽材を自然乾燥することを「材を涸《か》らす」と言う。たいていは貯蔵庫の近くの清澄な場所が選ばれ、通常ならそこで数年間は、井形に積んだ樽材を静置して乾燥する。ゆっくり乾燥が進んだあとは、材の含水率はほぼ一定の値になる。その値は置かれた環境の温度と相対湿度によって決まる平衡含水率で、例えば20℃、75％の環境での平衡含水率は約15％。貯蔵庫のあるような通常の環境では、この値から大きくずれるようなことはない。このあと、樽に組み立ててニューポットを入れて長期間貯蔵することを考えれば、平衡含水率よりやや低い値にしたほうが望ましい。通常は、自然乾燥後、短時間、緩やかに人工乾燥したあと、樽に組み立てる。

効率の面では初めから乾燥庫で人工乾燥したほうがまさるだろう。しかし、材は幹と平行の繊維方向、年輪との接線方向、あるいは中心から外に向かう放射方向では乾燥に伴う変形量が違っており、急激な乾燥に伴って材にひずみが生じたり、樽材成分に変化が生じたりする恐れがある。やはり、自然乾燥した樽材でなければ、よいウイスキーはできないようだ。自然の場に長く置くことによって、樽材は四季折々の変化を学んでいるのかもしれない。

乾燥を終えた材は、樽に組み立てる前に最終的に厳しいチェックをうける。樽に仕上げる際の曲げ加工で折れやヒビが入ることのないよう、また、貯蔵中に樽材のヒビ割れで原酒の滲み出しなどが起きぬように材は選別されるのだ。きれいな柾目板であるか、年輪は板目面と平行に走っているか、チロースが発達しているか、節やねじれがないか、年輪幅は狭すぎないかなど、現場では熟練した職人たちが二十数タイプに瞬時に仕分けるという。

こうして丁寧に切り出し、乾燥した樽材を成形して、樽に組み上げる。樽の両端の、円形部分の樽材は鏡板、胴の部分の樽材は側板と呼ばれる。樽の容量によって異なるが、パンチョンの場合で鏡板15枚ほど、側板で35枚ほどの樽材の組み合わせでつくられる複雑な容器だ（図8－4）。

同じ樽でも、ウイスキー樽と日本の清酒などに使われる和樽とではかなり形状が異なっている。和樽は側板を曲げることなく、上面と底面とが決まっている。ウイスキー樽の場合は胴の部分の側板をたわめて、両端にタガをかけて絞った形状に仕上げ、鏡の面に上下の区別はない。この形状の利点のひとつは、作業性に優れているということだ。樽材が厚いウイスキー樽の重量は、パンチョンやシェリーバットで120キロほどにもなり、それにウイスキー原酒を入れれば500キロ余りという大変な重さになる。しかし、この形状であれば、横にしたときに地面とつねにただ一点で接しているため、転がすことや方向転換することがきわめて簡単なのだ。貯蔵現場での熟練した職人による〝樽転がし〟は鮮やかで、まるで曲芸を見ているようだ（図8－5）。

ウイスキー樽は何本かの「帯鉄」（〝鉄の帯〟という意味。「フープ」ともいう）と呼ばれる締め具で胴の部分を巻いて締めている。締め具だけで側板が固定され、樽が崩れないしくみになっている。嗜好品となるウイスキーを長い間貯蔵する樽には、接着剤や釘などはまったく使うことができない。昔は側板どうしの間に蒲《がま》の葉や穂をはさんで漏れを防いでいたが、いまはそれもしていない。柾目取りされた樽材は図8－3(B)に示したように、柾目面、板目面、木口面の3つの面で構成されている。したがって、側板は柾目面でウイスキーと接し、板目面で側板どうし互いに密着していることになる（板目面どうしの密着面を「正直面《しょうじき》」という）。なお、鏡板は木釘で材を互いにつなぎ留めたうえで円形に成形され、ウイスキーと接する側の表面を焼いて炭化させる。鏡板と側板のつなぎ部分は、側板に溝を彫り、その溝にしっかり食い込むように

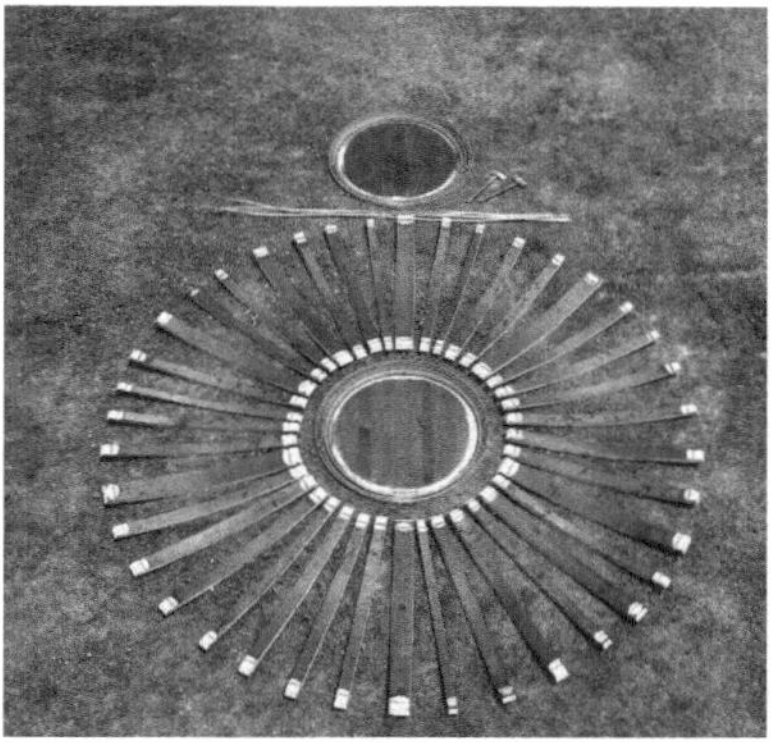

図8-4　ウイスキー樽を解体して並べた樽材。上部と中央に置かれた円形の樽材が鏡板。中央の鏡板の周囲に側板が並べられている

図8-5　ウイスキー原酒の入った樽を転がす貯蔵担当者

鏡板を細工して、つなぎからの漏れを防いでいる。溝部分は「アリ溝」、食い込む部分は「アリ」と呼ばれる。鍵と鍵穴の関係みたいなものだ。とにかく柾目取りした樽材を乾燥し、しっかりと組み合わせて、漏れのない樽をつくりあげるしかないのだ。

　側板の中央には1ヵ所、直径5～6センチの小さな孔が開けられている。これは「ダボ穴」と呼ばれ、この穴からニューポットを詰め、栓をする。栓は「ダボ栓」と呼ばれ、柔軟性のあるポプラ材からできている場合が多い。

　このようにして樽をつくる樽職人は、真っ正直な人しかなることができない職業だ。そういう人が一生懸命、百年使用のウイスキー樽をつくっているところを想像するとうれしくなりませんか？

「反応器」としての機能

ウイスキー樽の形状はまた、ウイスキー原酒の熟成にも大きな意味を持っている。

あとでくわしく述べるが、貯蔵中にはたえず樽の内部と外界との間で、水分や空気の出入りがある。それに伴って、樽材の成分が少しずつ分解されて、ニューポットの中へ溶出する。さらに、貯蔵中、樽材由来のものも含めたさまざまな成分が互いに反応しあい、徐々に熟成状態へと移行する。これが、貯蔵中に樽の中で起こっていることだ。

したがって、ウイスキー樽は容器としての役割はもちろんのこと、それ以上に、熟成に関与するリアクター（反応器）として大きな役割を担っているのだ。「容器」というと静的なイメージだが、「反応器」は動的なイメージを感じさせる。

この動的なエネルギーのもとは、日々の温度や湿度の変化であり、四季折々の気候の変化だ。ウイスキー樽は側板が曲げられることによって、緊張している。そのために外界の微妙な変化を感じとり、場合に応じて樽材を収縮させたり、膨張させたりして樽の中のウイスキーに伝えることができるのだろう。ウイスキーの樽材をしっかりと自然乾燥させ、しっかりと〝曲げ〟を入れることは、樽が外界の変化を繊細に感じとり、内部に伝えるためにも非常に大切なことなのだ。

不思議な操作「チャー」

丁寧につくられた樽にニューポットを入れると、いよいよ長い貯蔵工程に入ることになるが、その前にひとつ、欠かせない操作がある。樽の内側を炎で焼くのである。これは「チャー」と呼ばれる、ウイスキー造りのうえで非常に意味のある操作だ（図８－６）。

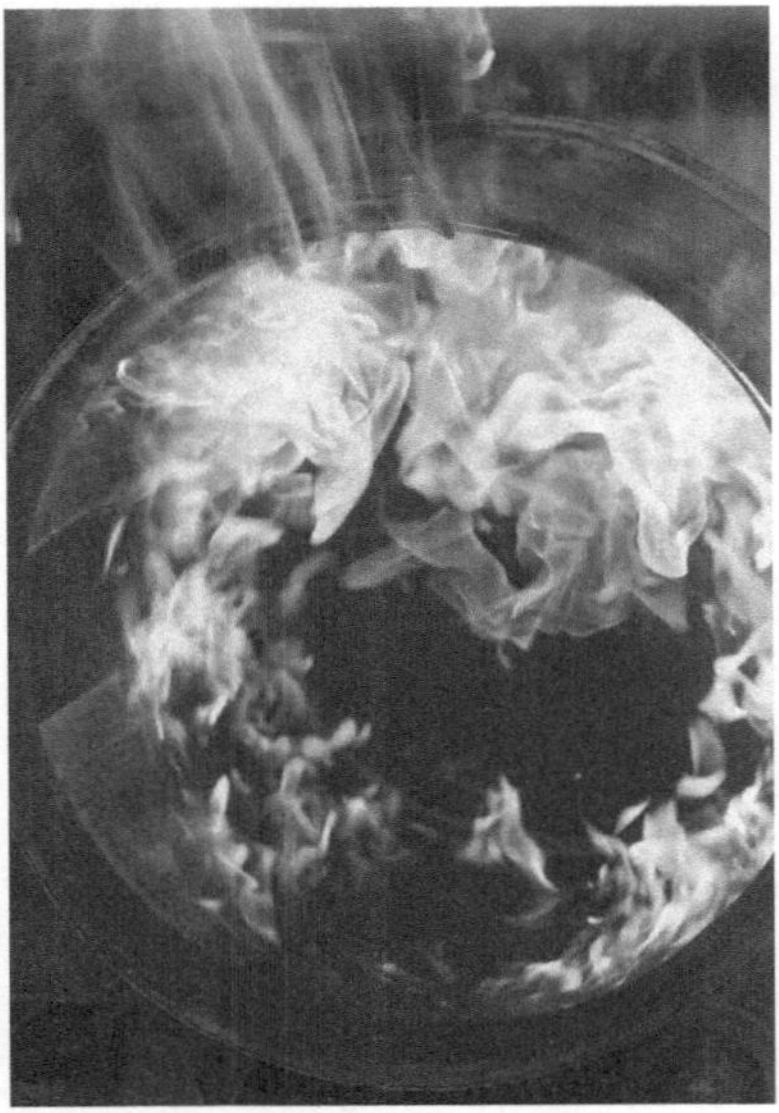

図8-6　チャーされる樽

　ウイスキーには、樽からもたらされる木香は不可欠だが、それが強すぎては樽に負けて、バランスを崩すことになる。そこで樽材の表面を焦がして、木香を弱めるのだ。どのくらいの強さでチャーをするかは造ろうとするウイスキーの特性を勘案して決めることになる。

　たとえばアメリカンのバーボンウイスキーの場合は、新しい樽材のみでつくった新樽、しかも180リットル容量のバーレル樽で貯蔵することが法律で決められている。バーレルは容量が小さくて、樽の中のウイスキー原酒が樽材と接する面積が大きいうえ、新しい樽材でつくられているため、樽材の木香が強く出る。バーボンの特徴の一つは木香にあるが、それはこのような背景があるためだ。しかし、木の香りが強すぎては品質のバランスを崩すことになる。そこで、非常に強くチャーをして樽から木香が出すぎるのを抑え、比較的短い期間（通常は4年くらい）で貯蔵を終えている。

チャーの効果としては、樽からの抽出成分や香味成分が増加することも指摘されている。これも非常に大切な意味を持っているので、あとでくわしく解説しよう。

多くのウイスキーの造り手は、チャーをする意義には、木香を抑えることや、抽出成分や香味成分を増加させることだけではなく、さらにもっと別の理由があるはずだと推測している。だが、それが何なのかはまだよくわかっていない。

テネシーウイスキーでは原酒をサトウカエデの炭で処理するチャコールメロウイングが行われており、また、ロシアの〝生命の水〟ウォッカは白樺の炭で濾過するとまろやかになることは昔から知られている。ウイスキー樽の場合も、チャーをして樽の表面を炭化することがおいしさと関わりがあると思われるのだが、その理由はよくわからない。ウイスキーの味わいはミネラル成分の組成にも大きく影響を受けるので、チャーをすることによるミネラル成分の量と状態の変化が関係するのかもしれないが、この点もどうも明確ではない。あるいは、前述したようにさまざまな成分が反応する反応器としての樽材表面にとって、チャーをすることが意味を持つのかもしれないが、ますます混沌としていてわからない。結局、チャーが香味によい影響を及ぼすことはわかっていても、その理由についてわかっていることはごく一部にすぎない。「大切なのはわかっているが、その理由はよくわからない」ということは世の中に結構多いが、チャーという操作もその一つなのだ。

樽の履歴と「第二の人生」

ニューポットを入れる樽を選ぶときは、その容量や形状などとともに、「履歴」も大きなポイントである。すなわち、これまで何度使われた樽か、ということだ。ブレンダーや貯蔵管理者たちはその点も考慮しながら、長期間の貯蔵工程に最適な樽を慎重に選んでいる。

これまでも述べたように新樽は木香や生木臭がつきすぎるため、そのままではモルトウイスキーになじまず、通常は用いられることはない。多くはバーボンやシェリー酒を貯蔵した樽や何度かウイスキー貯蔵に使用した樽を使っている。1度使用した樽は「一空き樽」、2度使用した樽は「二空き樽」と呼ばれる。一空き樽、二空き樽で通常のウイスキー原酒は貯蔵される。3度使用した「三空き樽」は、おもにグレーンウイスキーを貯蔵する。「四空き樽」になると木香もつきにくくなるので、長期貯蔵原酒に用いる。

「五空き樽」になると樽もかなりくたびれてくるので〝活〟を入れる。「リチャー」と呼ばれる、樽の内面をもう一度焼く作業だ。この操作で樽は生き返り、さらに貯蔵に耐えるようになり、6度目、7度目、と使われていく。もちろん繰り返しの使用に耐える樽とそうではない樽があり、ブレンダーがその判断をしている。

一般的には、樽は合計で6回から7回の貯蔵につきあい、トータルの使用年数は平均すると70年ぐらいになる。ウイスキー樽は大変な働きもので、しかも長寿なのだ。

一生分の仕事を終え、解体されたウイスキー樽には、さらに次の仕事が待っている。いま、私が愛用しているコースターは、ウイスキーの樽材を10センチ四方に切り出したものである。導管が横に走っているのが見てとれる、贅沢なものだ。材質もコナラの木の仲間なので密度が大きく、どっしりとしている。厚さは3センチほどもあってコースターとしてはかなり嵩高《かさだか》いのだが、この上に載せて似合う酒はウイスキーぐらいしかないだろう。ウイスキーと乾いた氷の入った大ぶりのグラスと、樽材コースターの取り合わせは気品があるし、粋だし、存在感もあって見ているだけでうれしくなる。

現在では、樽を解体して、曲がった樽材を温水下で加圧することにより、元の真っ直ぐな状態に戻す技術が開発されている。この技術によって樽材が高価な家具やフローリング材などとして再生されるようになった。また、樽に組み立てる際に選別から外れた材も家具材などとして利用されている。私が前に訪ねた新潟のバーは素敵な雰囲気の店だったが、その壁は樽材でつくられていた。長期間のウイスキー貯蔵を終えた樽材が、また新たな役割を担っているのを目にすると、何か畏敬の念に似たものを感じるのは私だけではないだろう。

第9章

貯蔵の科学

ウイスキーは環境と会話する

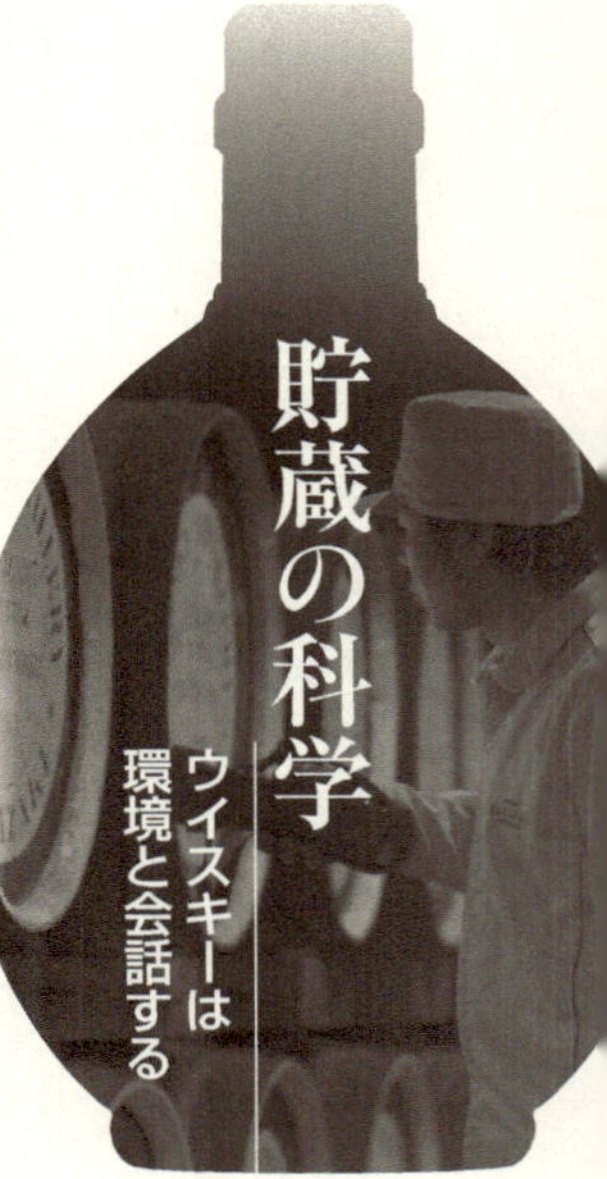

99％以上を占める工程

荒々しい香味のニューポットが、勢いよく樽に飛び込んでゆく。樽はニューポットをあやすような風情でゆったりと自身のうちに満たし、仲間の樽たちとともに貯蔵庫に運ばれてゆく。これからみな、一緒に長い眠りに入るのだ（図9－1）。

ウイスキーの原型はニューポットで決まるというが、製麦から蒸留までのニューポットづくりに要する時間は1ヵ月足らず。そのあとの貯蔵の時間のほうが圧倒的に長い。10年もののウイスキーの場合、99％以上は貯蔵に要する時間ということになる。

貯蔵すると品質がよくなることを人は知っている。だから、これほどの時間をかけて、ひたすら待つのだ。いろいろなことを「待つ」ことがむずかしくなった現代、ウイスキー造りにおける貯蔵という工程は、希少な営みになってきた。希少であるがゆえに、この工程でウイスキーに何

図9-1　樽に注ぎ込まれ（左）、貯蔵庫に運ばれる（右）ニューポット

が起こっているのか興味が湧いてくる。まずは、一見して変化の少ないように思える樽と原酒はどのような動きをしているのだろうか、目を凝らして見ていきたい。

樽から蒸散する原酒と樽にしみ込む原酒

作家の山口瞳はその著書のなかで、ウイスキーに適した貯蔵環境について、

「寒いのである。湿っぽいのである。晴れたかと思うと、さっと氷雨が降りかかってくる。これがウイスキーの貯蔵にはもってこいの条件なのである」

と書いている。じつによくウイスキー貯蔵の条件を言い当てている。

貯蔵庫にはあまり気温が高くなく、湿度の高い、清澄な環境が適している。そして、めりはりの利いた四季の変化、適度な温度変化や湿度変化があることが望ましい。気温が高すぎると原酒が飛んでゆく量（蒸散量）が増し、乾燥が過ぎると樽にヒ

ビや割れが入りやすい。また、樽が呼吸していることを考えれば清澄な環境が望ましいのだ。ニューポットの入った樽はそのような環境の貯蔵庫に静置される（図9－2）。樽に用いられるオーク材は前章で述べたように貯蔵庫近くで自然のなかで徐々に乾燥されるため、樽は環境の変化にはなじみやすい。

ウイスキー樽は基本的に、横向きに寝かせて並べられる。静置のしかたには、床に敷いた木材のレールの上に樽を並べて、その上にさらに木材のレールを敷いて樽を重ねて並べてゆく「ダンネージ式」（「輪木《りんぎ》積み」ともいう）と、貯蔵庫を何段もの床で仕切り、それぞれの床にウイスキー樽を寝かせる「ラック式」がある。ダンネージ式の場合、樽は3段から4段に積むのが限界だが、ラック式は10段以上の床で仕切られていて、高層の貯蔵庫となる。

ただしカナディアンなどでは、樽を縦にしてその上に板を敷き、何段も重ね置きする「パラダイス式」を採用するところもある。横にして積むよりもスペースが省けて大量の樽を置くことができるが、側板に負担がかかり、「液漏れ」を起こしやすい。

長い貯蔵の間、本当に樽は密閉容器として働きつづけているのだろうか？　パンチョンの場合で鏡板15枚、側板35～36枚の樽材だけから作られる樽について、私はこのような素朴な疑問を持った。そこで、図8－3(B)に示したように3つの面（柾目面・板目面・木口面）を持つ樽材を用いて、一面だけを残してあとは完全密閉した容器（密閉容器）を考案し、アルコール溶液をその

図9-2　山梨県のサントリー白州蒸溜所の全景（上）と、その貯蔵庫に並べられたウイスキー樽（下）

容器に入れて、それぞれの面からのアルコール溶液の蒸散量を測定した。その結果、確かに蒸散のしやすさは、導管が顔を出す木口の断面、放射組織が顔を出す板目面、導管も放射組織も顔を出さない柾目面の順であった。それと、同時に同じ面からの蒸散であっても個々の材によって蒸散量が違っており、蒸散量が多いほど材にしみ込んでいる量（含浸量）が多かった。

この結果から、実際の貯蔵でも密閉容器として働いているなら、樽から飛ぶ原酒の蒸散量と樽材へしみ込む原酒の含浸量との間には何らかの決まった関係があるはずだと考えて、現場の調査を行った。現在、国際的にも有名なサントリーの前チーフブレンダー輿水精一氏と一緒に行った懐かしい調査研究だ。

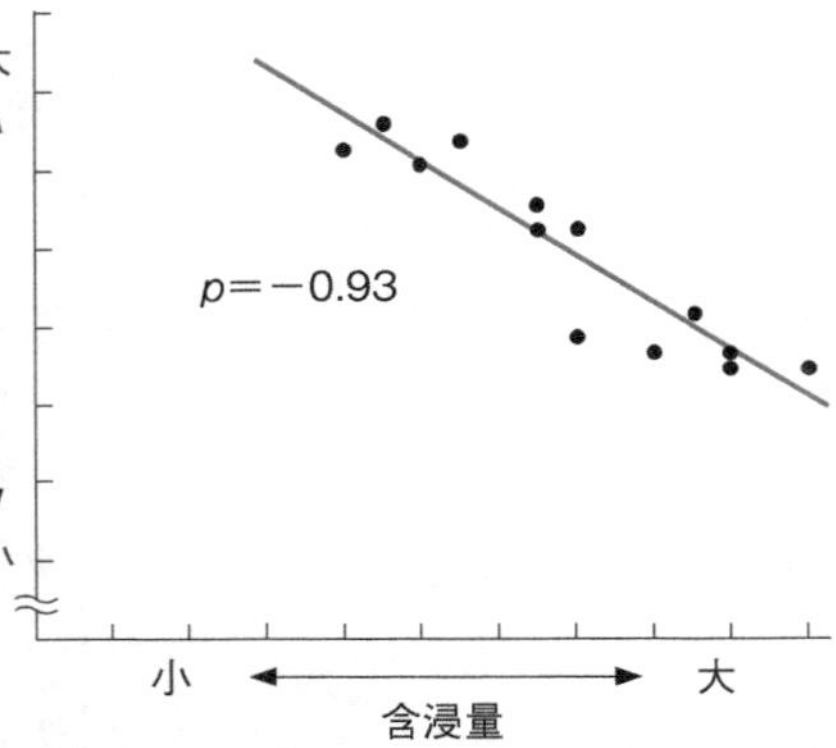

図9-3　貯蔵中の樽からの原酒蒸散量と、樽への原酒含浸量との関係

一定の環境のもとで8年間貯蔵された13個の樽について調べた結果、ウイスキー原酒の樽からの蒸散量と、樽への含浸量との間には、見事に直線関係があった（図9-3）。ところが、蒸散量が多いほど含浸量が少なく、実験室で行った密閉容器での測定とは反対の結果だったのだ。このことは、樽で貯蔵している場合、樽材の中を通って蒸散している原酒は少なく、多くは樽材と樽材とが密着している正直面から蒸散していることを示唆している。そして、含浸量の多い樽は樽材がそれだけ膨潤するため正直面の密着度が高まり、蒸散量が低く抑えられると解釈された。

それならば、原酒がしみ込みやすい樽材ばかりで樽を作ればいいとも考えられる。しかし、乾燥ぐあいが同程度の樽材でも、原酒のしみ込みやすさは樽材の比重、年輪幅、チロースの発達ぐあい、材中の自由水と結合水の割合や分布の違いなどに影響を受けると考えられ、それらは樽材個々の持って生まれた性質によるものなので、その違いはある程度容認せざるを得ないのだ。

いずれにしても、樽は樽材が膨潤すれば正直面の密着度が高まるという緊張関係のもとにあり、一様にしっかりと仕上がっていることがよく理解できた。そして、容器の中の原酒はこのような緊張関係にある樽の動きのもとで、環境の変化に応じて徐々に蒸散したり、樽材にしみ込んだりしているのだ。丁寧に樽作りをしている人たち、原酒を満たした樽をしっかり管理し、見守っている人たちに、私は改めて尊敬の念を覚えたものだ。

樽は呼吸している

樽の中のウイスキー原酒は、温度や湿度など外界の変化の影響を受ける。四季の移り変わりに伴い、樽を介して外界とやりとりをしているのだ。

たとえば初夏から秋口にかけては、気温の上昇とともにウイスキー原酒の容量が増す。樽も温度上昇に伴って膨らみを増すが、原酒の増量分を吸収するほどではない。そのため、樽内の気相の占める容量が減少し、圧縮され、樽内の気圧は外部環境の気圧に比べて相対的に上昇する（陽圧になる）。その結果、エタノールや低沸点成分は樽の外に蒸散する。

一方、晩秋から初春にかけては、気温の下降とともに原酒の容量が収縮する。樽も収縮はするが、原酒容量の収縮分を吸収するほどではないため、樽内の気相部分の容量が増し、樽内気圧は相対的に低下して（陰圧になって）、外界から空気が樽の中に吸引される。

このように、温度の上下に伴ってウイスキー原酒が空気（酸素）を吸ったりエタノールや低沸点成分をはきだしたりするさまを、昔から「ウイスキー樽は呼吸をしている」と言っている。微妙な気温の変化を原酒にしっかりと伝えるためには、十分に自然乾燥した樽材で、丁寧に樽をつくらなければならない。少しでも〝漏れ〟がある樽や、外界の変化への対応が鈍い樽（すなわち乾燥の足りない樽）はウイスキー原酒の貯蔵には適さない。ちなみに、貯蔵を終えた原酒を樽から取り出すためにダボ栓を抜くとき、冬場だとシュッと空気を吸い込む音がする。これは樽の内部が陰圧になっていることを物語っている。

さらに、樽の呼吸は樽材からの成分の溶出にも関わっているに違いない。樽材への原酒のしみ込みは陽圧のときに盛んになるだろうし、しみ込んだ原酒の一部が陰圧のときに樽材成分と一緒に戻ってくると考えられる。

　なお私は、四季の気候の変化のみならず、一日の朝夕の気温変化でもこのような微妙な変化が起き、外界との微妙なやりとりがあるのだろうと思っている。

天使の分けまえ

　ウイスキー樽の「呼吸」によって樽から蒸散するエタノールなどの低沸点成分の量は、貯蔵庫のある土地の気候風土の違いにもよるが、最初の年は2〜4％、それ以降は年に1〜3％であるといわれている。これは、どんなにしっかりつくられた樽に貯蔵した場合でも避けられない目減りであり、また、ウイスキーを十分に熟成させるうえで認めざるをえない目減りでもあるのだ。

　したがって、この蒸散量を昔から「天使の分けまえ」と呼んでいる。480リットルの樽であれば、最初の年に10〜20リットル、それ以降は年に5〜15リットルのウイスキー原酒が蒸散していることになる。天使は相当の酒好きに違いない。

　では、なぜ十分な熟成のためには天使にも「分けまえ」を差し出さなくてはならないのだろうか。

　蒸散して樽から出てゆく成分の主要なものはエタノールだが、それ以外の低沸点成分もある。とくに貯蔵初期には、熟成のためには好ましくない未熟成香が蒸散する。たとえば、つくりたてのニューポットの中に入っている硫黄化合物はウイスキーの香味をそこなう成分だ。これらの未熟成香が、樽が呼吸することによって揮発し、蒸散されるのである。初めのうちは荒々しい暴れ馬のようだったニューポットが、蒸散によって次第に落ち着き、最後には品格を備えたウイスキー原酒へと変貌する。いわば天使に「分けまえ」を差し上げる代わりに、暴れ馬のニューポットを品格あるウイスキーに育ててもらっているのだ。天使は相当な教育者でもある。

一方で、蒸散とは反対に空気が外から入り込む動き、呼吸にたとえれば「吸う」ほうの作用も、熟成には欠かせないものだ。

樽に空気が入ると、酸素が原酒に溶け込むことになる。そして、溶け込んだ酸素は長い時間をかけて、原酒の酸化反応を促進する。第Ⅲ部の「熟成の科学」のなかでくわしく紹介するが、ウイスキーの貯蔵中にさまざまな反応が進行することによって多様な成分が生成され、ウイスキーは熟成状態に移行する。この熟成反応が進むきっかけは、エタノールをはじめとした多くのウイスキー成分が酸化されることなのだ。また、熟成ウイスキーが琥珀色に変わるためにも、酸素が必要である。したがって、呼吸とともに酸素が樽を介して原酒に徐々に溶け込むことは非常に意味のあることなのである。

このようにウイスキー樽の呼吸は、ニューポットが熟成されて高い品質のウイスキー原酒となるために欠かせないものなのだ。

水も出入りしている

樽の内と外では、空気のほかに、水も出入りしている。エタノールなどの低沸点成分は樽の外に蒸散したら、樽の中に戻ってくることはほとんどない。しかし水は、樽を介して出たり入ったりしているのだ。水の動きは貯蔵所の湿度に左右される。冬を中心に湿度が低い乾燥した時期には、樽から水分が蒸散する。しかし、梅雨から夏にかけての湿度の高い時期には、外気の水分が樽の中に入ってくる。

樽に入れたばかりのニューポットのエタノール濃度は、第7章で述べたように約60%である。だが、長い貯蔵を終えたときのエタノール濃度は必ずしも60%ではない。貯蔵終了時のエタノール濃度は、貯蔵している間のエタノールと水の蒸散量のバランスで決まる。貯蔵中のエタノールの蒸散量と水の蒸散量のバランスがつりあっている場合はほぼ60%になるが、エタノールの蒸散量が水の蒸散量よりも多い場合や、樽を介して入ってくる水分の量が多い場合には、ウイスキー原酒中の水に対するエタノール比が小さくなるため、エタノール濃度は60%より低くなる。

まれに貯蔵を終えたウイスキーのエタノール濃度が貯蔵前より高くなることがある。これはウイスキー樽が置かれていた環境の温度が比較的高く、しかも乾燥した状態であったことによる。つまりエタノールの蒸散量よりも水の蒸散量のほうが極端に多いため、相対的に原酒中の水に対するエタノール比が大きくなり、エタノール濃度が高くなるのだ。その分だけ得をしたと勘違いした貯蔵管理者が昔いたそうだが、そうではない。エタノール濃度が高くなっても、エタノールが蒸散していることには変わりはないのだ。天使の取り立ては、そんなに甘くない。

もう少しくわしく説明すると、水の動きは「水分活性」という指標で示される。水分活性は、共存しているほかの成分の影響を受ける。たとえば塩分や糖分が共存していると水の動きは抑制されて、水分活性は低下する。塩漬けやジャムが腐りにくいのは、水分活性が低下して微生物が水分を利用しにくくなるためだ。

まったくほかの成分の束縛を受けない場合、水の水分活性値は1であり、まったく動けない場合は0である。氷の水分子も少しずつは動いているようだが、水分活性値はほぼ0である。エタノール濃度60%のニューポットの水分活性値は約0・72である。エタノールが水の動きを抑制しているのだ（図9－4）。

そして水の蒸散量は、水分活性と、置かれている環境の相対湿度によって決まる。水分活性値が0・72であるということは、相対湿度72%のときの気相の水分子の動きと同じであることを意味している。したがって、水分活性値0・72のウイスキー原酒の場合、それが置かれている環境が相対湿度72%よりも低い、すなわち乾燥した状態ではウイスキー原酒中の水は蒸散するが、72%より相対湿度が高い場合には、逆に外気の水分がウイスキー原酒に取り込まれることになる。

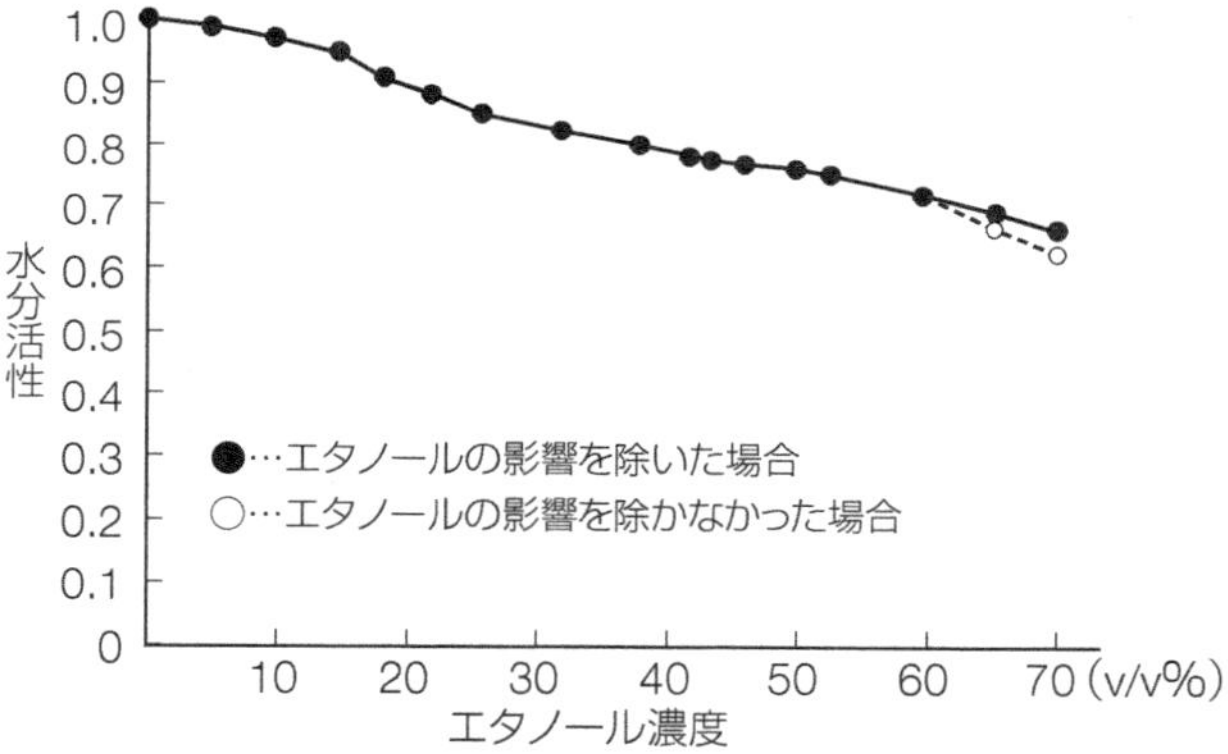

図9-4　エタノール溶液の水分活性

昔から、貯蔵庫の環境は湿度70％から80％ぐらいの〝湿っぽい〟のがよいといわれるが、この範囲であれば水とエタノールの蒸散量のバランスがよく、貯蔵後のエタノール濃度がそれほど大きく変動しないためなのだろう。

あとでくわしく述べるが、このようなエタノールと水の量的バランスの変化は、樽のオーク材の成分を溶出する活性や、原酒の成分どうしが互いに反応する際の反応条件に影響を及ぼし、結果的にウイスキーの品質、個性に大きくかかわってくると考えられている。

以上のように、微妙な温度や相対湿度の変化が、樽の呼吸や水の出入りを促し、それがウイスキーをより魅力あるものにしている。樽が温度や湿度に敏感に反応するためには、まず樽が周囲の環境と一体化していることが必要だ。たとえば樽の乾燥が十分でなければ、樽の内部より先に樽材の中の水分と環境との間でやりとりが起こってしまい、ウイスキー原酒に環境の変化を伝えるところまで至らないことになる。樽づくりにおいて、貯蔵庫近くの自然環境に樽材を置いて「材を涸らす」のが大切であることは、こうした点からもおわかりいただけるだろう。

「環境」も個性に影響する

「ウイスキー原酒は個性の違いが多様なほどいい。変わったのに出くわすとうれしくなる」とは、わが敬愛するブレンダーの言葉だ。ブレンダーがブレンデッドウイスキーを造るとき、混合に使うそれぞれのウイスキー原酒は、画家が絵を描くときの絵の具にあたる。多様なウイスキー原酒を使うほど、それらを一つの製品にまとめあげたときには、深みのあるウイスキーに仕上がることになる（図9-5）。

これまで見てきたように、ウイスキーの個性は、製麦から蒸留までの工程で決まってくるニューポットの個性と、その素材、容量、履歴などで決まる樽の個性によって、多様なものになる。

ここに、さらに加わるのが貯蔵環境の違いによって決まる個性である。貯蔵環境の違いとは、もうおわかりのように温度と湿度の違いだ。アメリカンの場合、その貯蔵環境は比較的、暑くて乾燥した気候条件にあり、エタノールに比べて水の蒸散をより促す傾向が強い。そのため、貯蔵後のウイスキーのエタノール濃度は貯蔵前より高くなっていることも多い。一方、スコッチやジャパニーズのように比較的、湿度の高い気候条件では、エタノール濃度は貯蔵時間とともに徐々に低下するのが一般的だ。

貯蔵環境の違いは貯蔵庫の中でも生じる。一般に、貯蔵庫の下段のほうは温度変化が少なく、湿度が高い。一方、貯蔵庫の上段のほうは温度変化が激しく、乾燥した状態にある。とくに10段以上も樽を積み上げるラック式貯蔵庫の場合、最下段と最上段とではかなり環境が異なり、同じタイプのニューポットを貯蔵しても貯蔵後の原酒の品質は大きく違ってくる。同じ貯蔵庫に置かれているのに、積まれる高さによって生じる「縦の違い」が、貯蔵庫がどのような地域環境のもとにあるかで決まる「横の違い」に匹敵する貯蔵環境の違いを生み、ウイスキーの多様化に寄与しているのは、とても興味深い。

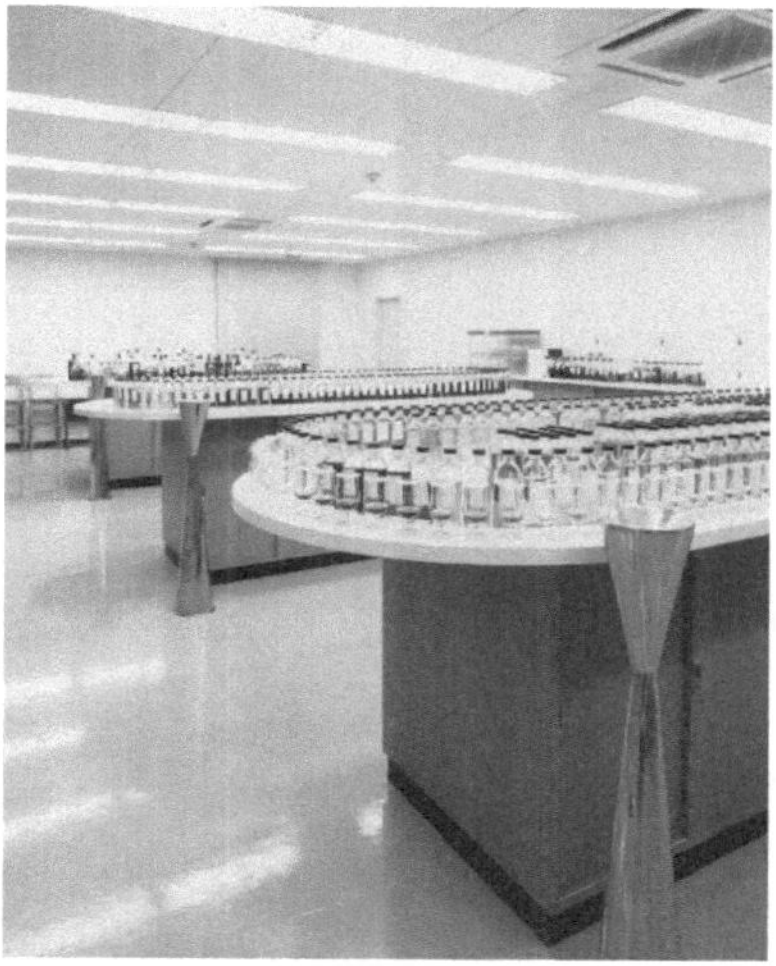

図9-5　ブレンド用の原酒が並ぶブレンダー室のテイスティングルーム

ちなみに、貯蔵庫の建てられた環境に極端な特徴があれば、それも長い間にはウイスキー原酒に特徴を付与することになる。たとえばアイラ島の蒸留所はみな海に面しているために、原酒はその影響を受けてわずかに潮気やヨード臭が香るものになる。

樽を「聞く」人

「静かで清潔な場所を3つあげなさい」といわれたら、私はその一つにウイスキー貯蔵庫をあげる。たくさんの樽が眠っているウイスキー貯蔵庫ほど、静かで清潔な場所はそうあるものではない。その貯蔵庫をときどき、いろいろな人が見回っている。

貯蔵庫の管理者は、貯蔵庫が静かで清潔であることをチェックしている。ブレンダーたちは、ウイスキー原酒がしっかり育っていることをチェックしている。樽職人たちは、樽に漏れのないことをチェックしている。漏れといっても、ポタポタと中から原酒がこぼれ出るような漏れは、通常は起こらない。見た目にはわかりにくい、原酒が沁み出すような漏れ方なのだ。素人ではとても気づかないそうした漏れを見つけるために、樽職人たちは定期的に貯蔵庫の樽を一つ一つ、木槌で叩いて回る。樽の鏡板の部分を叩いてその音を聞けば、樽に入っている中味の量が彼らにはわかるのだ。漏れがあると極端に中味が減っているので、その樽は乾いた音がする。彼らは、カーンと高い音色がする樽を見つけ出しては、沁み出している箇所を特定し、補修作業にあたる。こうした定期的なフォローがあるからこそ、樽は長生きできるのである。

第Ⅲ部 熟成の科学

第10章
「香り」の構造
ニューポット由来成分がつくる熟成香

樽という小宇宙

第Ⅱ部ではウイスキーの少年時代を中心に、その誕生から樽に入り眠りにつくまでを紹介した。少年が再び目を覚ますまでには、これから気の遠くなるような時間の経過が必要だ。その間に、荒々しく猛々しい若武者のようであった少年は、美徳を備えた大人に変貌する。その時が訪れるのを期待して、人はひたすら待つ。

何かを期待して待つことは、かなり知的な行為と言える。「何かを期待する」ためには、想像力を働かせなければならない。「待つ」ためには、動きたい衝動を抑えて、じっとしていなければならない。しかも「待つ」時間の長さが、ウイスキーの場合は尋常ではない。短くても6～7年、普通は8年から12年、少し長ければ12年以上、さらに場合によっては18年から25年もの間、待つのだ。想像も膨らみつづけるというものだろう。当然、なぜ待つことでウイスキーがおいしくなるのか？ という素朴な興味も湧いてくる。

8世紀から13世紀にかけて、ウイスキーをはじめとして多くの〝生命の水〟こと蒸留酒が誕生した。18世紀になって、人はたまたま、ウイスキーを長く樽貯蔵しているとおいしくなることを知った。貯蔵することによって、その品質が大きく向上する「熟成」という現象があることは、いまや誰もが認めていることだ。だが、熟成がなぜそうした作用をもたらすのかは、いまだに明らかになっていない。

現在のところ、熟成によってもたらされる作用としては、

1．未熟成成分の蒸散
2．樽材成分の分解と溶出
3．さまざまな成分どうしの反応
4．エタノールと水の状態変化

があると考えられている。だが、これらの挙動について具体的に明らかになっていることは、意外なほど少ない。まして、これらが香味とどのように関係しているかとなると、その全貌を科学的に明らかにするのは困難だ。それはまるで、樽の中にもうひとつの宇宙が存在するかのようでもある。

だがそれでも、いや、だからこそ、多くの人が熟成という現象の魅力にとりつかれ、研究を続

けてきた。人は、アルコール濃度の高い蒸留酒を手に入れたことによって初めて、「アルコールの味とは何だろうか?」という疑問を持ったのではないだろうか。そして、樽貯蔵という技術を手に入れたことで、「貯蔵するとなぜおいしくなるのだろう?」、「どうしたらもっとおいしくなるだろう?」と、さらなる疑問が湧き上がってきたのだ。この疑問はウイスキーをおいしく飲みたいという願望を離れても興味深い、科学の基本につながる疑問でもある。

この章からは、樽という「小宇宙」で起こっているドラマの一端を覗《のぞ》きながら、これらの疑問への答えを探してゆくことにしたい。

熟成のあらまし

最初に、樽に貯蔵されたウイスキーの品質は、年数を経るうちにどのように変化してゆくのかを大まかに見てゆこう。

ウイスキー原酒の熟成中の色調や主な成分群の一般的な変化の様子を図10-1に示した。貯蔵初期に急激に増えたあと、少しずつその速度を落としながら増加している色調、総固形分量、タンニンなどは、樽からの溶出成分である。一方、貯蔵中の熟成反応によって生成するエステル成分やアルデヒド成分は、一定の速度で増加している。また、酢酸を主成分とする酸成分は、初期には樽からの溶出によるが、それ以降は主に熟成反応によっている。

まず、貯蔵して半年くらいでニューポットは淡い黄色になり、それとともにエタノールの強く、刺激的な臭いが抑えられてくる。さらに2年、3年と経つにつれて、淡い黄色から黄褐色に変わっていくとともに、熟成香もできてくる。この初期の期間に蒸散が進み、品質も大きく変化する。しかしその後も、熟成は着実に進行してゆき、芳香はより強くなってゆく。熟成の進み具合はニューポットの個性、樽の特性、貯蔵環境などによって異なってくるが、一般的には10〜12年ぐらいまでは確実に熟成が進み、品質もよくなるといわれている。

そのあともさらに品質が伸びるかどうかは、樽ごとの原酒によって違ってくるようだ。多くの原酒は、10〜12年のあたりで品質の伸びは止まってしまう。さらに置いておいても熟成が進むかどうかを見極めるのは、ブレンダーの非常に大切な役割である。彼らは一つ一つの樽の原酒を丁寧に吟味して、貯蔵を終えるべき原酒、さらに貯蔵して熟成を進めるべき原酒を選別する。たとえば「18年貯蔵」の原酒は、造り手のマネージング方針だけで18年貯蔵したのではなく、18年間、品質が伸び続けて

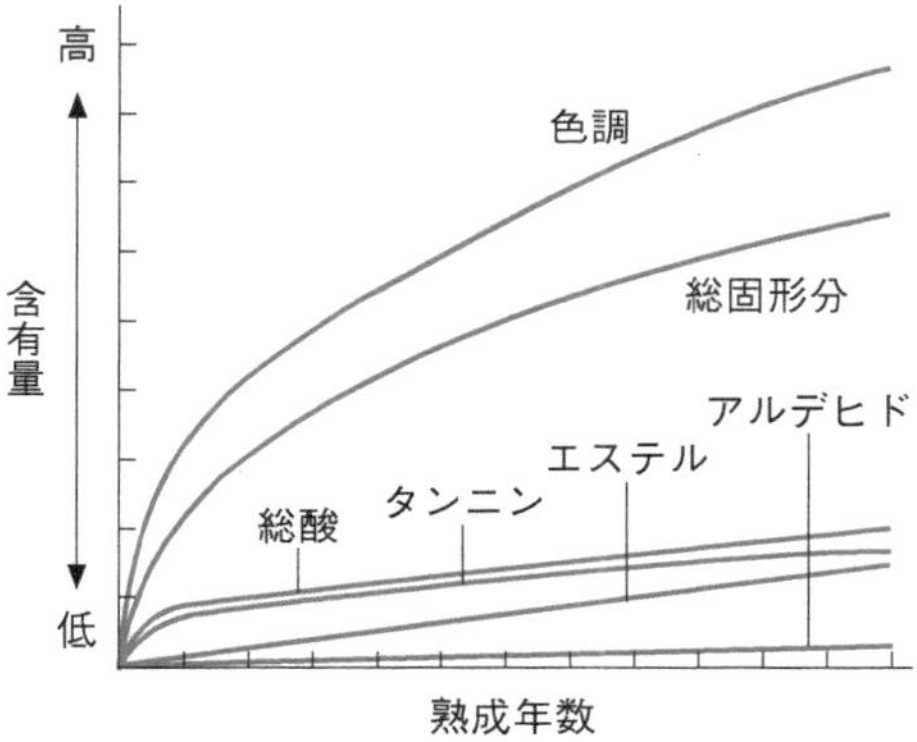

図10-1 ウイスキー原酒の熟成中の変化

きた結果であり、そのことが貴重なのだ。だから18年貯蔵の製品は、初めから「この樽の原酒を18年ものの製品に仕上げよう」と意図して造られるというよりは、むしろ「この原酒は18年も品質が伸びた貴重なものだから、これで製品を造ろう」という面が少なからずある。ましてや「25年貯蔵」、「30年貯蔵」ともなると、本当に稀有な原酒なのだ。

β-ダマセノンは「バラの香り」

私が敬愛する先輩の西村驥一博士らは、100を超えるウイスキー成分を分離・精製して、その構造を決定された。なかには新規の物質もあった。しかし、ウイスキーには数千の成分が含まれているというから、それでもわずか一部にすぎない。ウイスキーは多様な物質が折り合いをつけながら存在している共存社会なのだ。

ウイスキー中の成分を大別すれば、ニューポット由来成分と、樽由来成分とに分けられる。ニューポット由来成分とは、貯蔵に至るまでの製麦・仕込み・発酵・蒸留の各工程で生成した成分に由来するものであり、それぞれの工程で多様な成分ができるよう工夫された発酵モロミを蒸留して得られた成分群だ。

かたや、樽由来成分は、貯蔵中に樽のオーク材から徐々にウイスキーに溶け込んだ成分と、その成分がさらに変化し、反応しあいながらできた成分群だ。こちらも、なにしろ貯蔵期間が長いため、きわめて多様な成分ができあがる。

ニューポット成分は蒸留によって蒸発した成分が回収されたものだから、当然、発酵モロミのうち蒸発しやすい成分が中心ということになる。主成分はエタノールと水だが、そのほかにも微量だが多くの種類の揮発しやすい低沸点成分（揮発成分）が含まれている。

ニューポットに含まれる香り成分についてはすでにウイスキー造りの各工程で触れているが、ここでもう一度おさらいをしてみよう。

R−CHO
アルデヒド成分

R−OH
アルコール成分

R−COOH
カルボン酸成分

R_1−CO−O−R_2
エステル成分

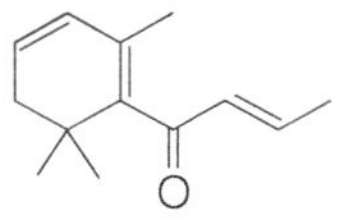

β-ダマセノン

図10-2　ニューポット中の主要な成分

香り成分のうち主要なものとしては、図10-2に示したように、アルデヒド基（-CHO）を持つアルデヒド成分、水酸基（-OH）を持つアルコール成分、カルボキシル基（-COOH）を持つカルボン酸成分、エステル結合（-CO-O-）を持つエステル成分などがある。これらは発酵によって生成し、ニューポットの基本となる成分群だが、熟成反応によっても増加する。揮発性の硫黄を含むエステル成分も少量、発酵によって生成する。これらは匂い閾値が低く、特徴的な香りを持ち、ウイスキーの匂い成分として重要である。

また、麦芽などの原料を加熱・乾燥したときに生成する種々の香気成分群がある。いわゆる〝心地よい穀物の香り〟だ。とくに、ピートで乾燥した麦芽由来の香りは非常に特徴的でウイスキーを特徴づける重要な香りだ。これはすでに述べた通りフェノール化合物である。

銅製のポット・スチルでの蒸留はウイスキー成分に大きな影響を及ぼす。硫化水素などのチオール化合物は銅に捕捉されて減少する。一方、脂肪族のエチルエステル類は増加する。さらに、加熱による糖とアミノ酸との反応（メイラード反応）によって特徴ある香気成分が生成し、酵母菌体の分解でイースティーフレーバー成分が生成する。そして、「バラの香り」とも言われる華やかな香りを持つβ－ダマセノンの生成。これは、匂い閾値も低く（0・01ppm）、重要な香気成分だ。

さらに、「泡効果」によって本来、蒸留によっては移行するはずのない高沸点の成分もニューポットに移行している。このように、ニューポットは無色ではあるけれど、若干、濁りを帯びて特徴のある香りを持つ液体で、すでに独特の個性を放っている。

ニューポット由来成分はこれら低沸点の揮発成分が中心であるのに対し、樽由来成分には、揮発成分と揮発しにくい高沸点成分（不揮発成分）の両方がある。いずれもニューポットには含まれていないものだ。揮発成分はおもに香りに関与するのに対して、不揮発成分はおもに味に関与する。樽由来成分の貯蔵中の詳細な挙動については、次の章で述べることにする。

ニューポット由来成分は貯蔵中にその絶対量が増えることはない。しかし、前章で述べたように原酒が蒸散することを考えれば、貯蔵中に濃度は増減する。たとえば、樽の呼吸とともに毎年2%が「天使の分けまえ」として蒸散するとすれば、10年で原酒の容量は約20%減少する。蒸散する成分の大部分は水とエタノールだが、エタノールより揮発しやすい低沸点の揮発成分は、より多く蒸散するため希薄になる。逆に、揮発しにくい中沸点あるいは高沸点成分は濃縮される。そのため、各成分の割合は貯蔵中に複雑に変化する。この量的バランスの変化が、化学反応を促し、熟成香が生成されてくる一因であろうと推察されている。

では、ニューポット由来成分は樽の中でどのような変化をとげるのかを見ていこう。

「酸化」「アセタール化」「エステル化」

熟成によって起こるニューポット由来成分の化学反応には、酸化反応、アセタール化反応、エステル化反応の3つがあることが知られている。

酸化反応とは、樽呼吸に伴って樽を介して原酒に空気が溶け込み、空気中の酸素によって徐々に原酒の成分の一部が酸化される反応である。

酸化反応のうち主要なものは、原酒の主成分であるエタノールの酸化だろう。エタノールは酸化すると、アセトアルデヒドや酢酸になる。アセトアルデヒドはさらにエタノールと反応して、アセタールという香気成分に変化する。これがアセタール化反応だ。

アセタールはアルデヒドなどとアルコールが縮合してできる化合物の総称だが、ウイスキー原酒中のアセタールはエタノールとアセトアルデヒドの縮合でできる成分（ジエトキシエタン）が最も多い。これ以外にもエタノールより分子量の大きいフーゼルアルコールとアセトアルデヒドとの反応でできるアセタール類も生成が知られている。アセタールの含有量は5年貯蔵で4倍増えると報告されている。

また、水酸基を持つエタノール（C_2H_5OH）と、カルボキシル基（-COOH）を持つカルボン酸とが共存すると、水分子が抜けること（脱水縮合）によってエステル成分が生成する。これがエステル化反応である。エステルはアルコールと脂肪酸が脱水縮合してできる化合物の総称だが、ウイスキー原酒中のエステルはエタノールと酢酸の縮合でできる酢酸エチルが最も多い（図10-3）。

このように、樽の呼吸によって樽の中に入ってきた空気が、酸化→アセタール化、エステル化と、次々に反応を引き起こしていくのだ。

ニューポットには、エタノールよりも長鎖のイソアミルアルコール（$C_5H_{11}OH$）などの高級アルコールや、炭素数8個でベンゼン環を持つフェネチルアルコールなどのほか、各々のアルコールと酢酸とのエステル（酢酸エステル）を含んでいる。さらに、カプロン酸（$C_5H_{11}COOH$）、カ

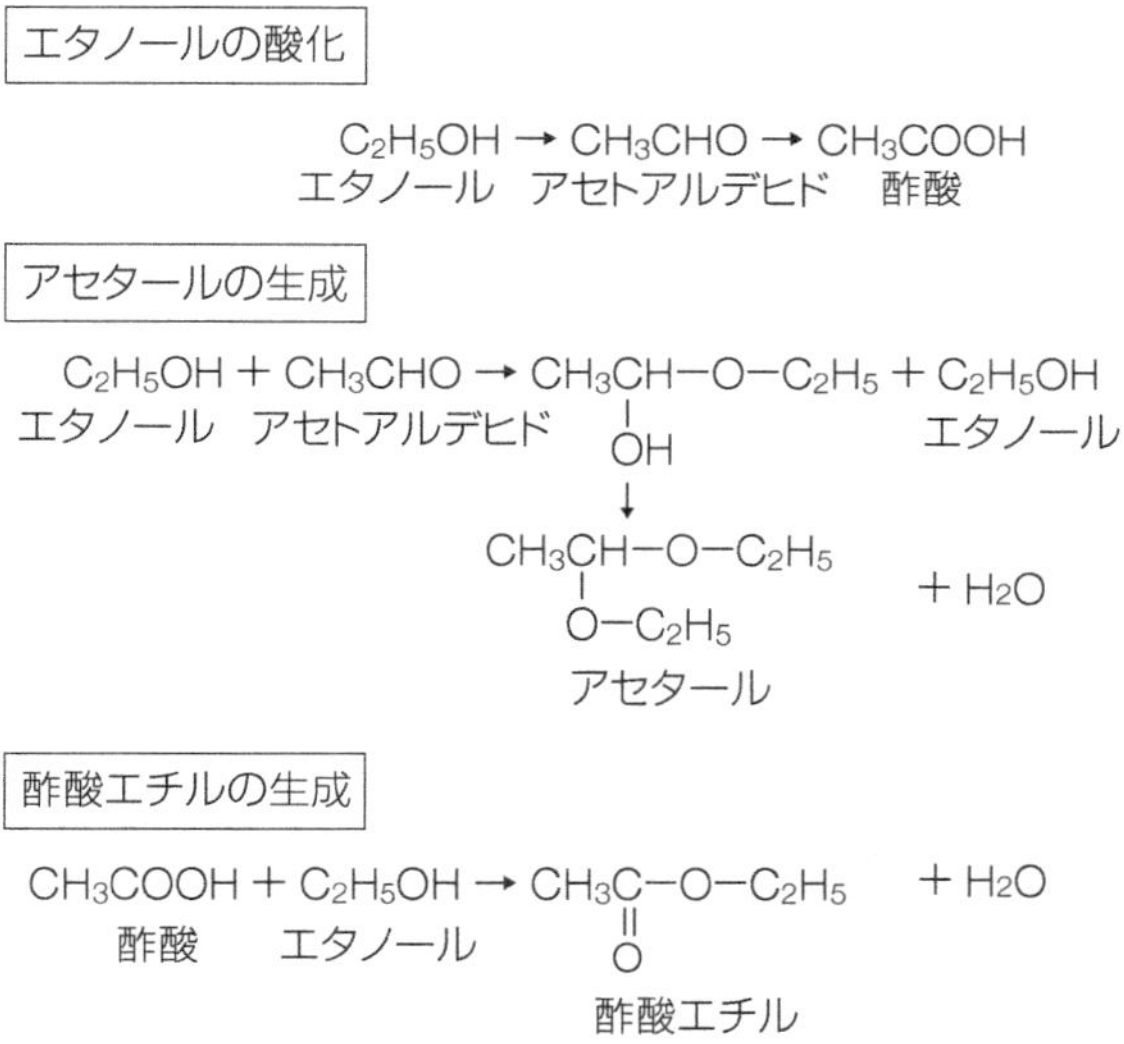

図10-3 酸化、アセタール化、エステル化の各反応

プリル酸（$C_7H_{15}COOH$）、ラウリン酸（$C_{11}H_{23}COOH$）などの炭素鎖の比較的長い脂肪酸などと、各々の脂肪酸とエタノールとのエステル（エチルエステル）も含んでいる。長鎖のアルコールや脂肪酸は、主に酵母によるアミノ酸の分解代謝で造られる。

貯蔵中には、トータルのエステル量は徐々に増加しているが、個々のエステル成分を見てみると一様に増加しているわけではない。アルコールの場合、炭素数5以上のフーゼルアルコールの酢酸エステルは減少してエチルエステルが増加している。脂肪酸の場合、炭素数が10個までの脂肪酸のエチルエステルは増加するが、それより大きい脂肪酸のエチルエステルは減少している。このことは、個々にはエステルどうしの交換反応が起きており、原酒の脂肪酸組成とアルコール組成は炭素数の多い高分子側にシフトしていることを示していると考えられる（図10－4）。

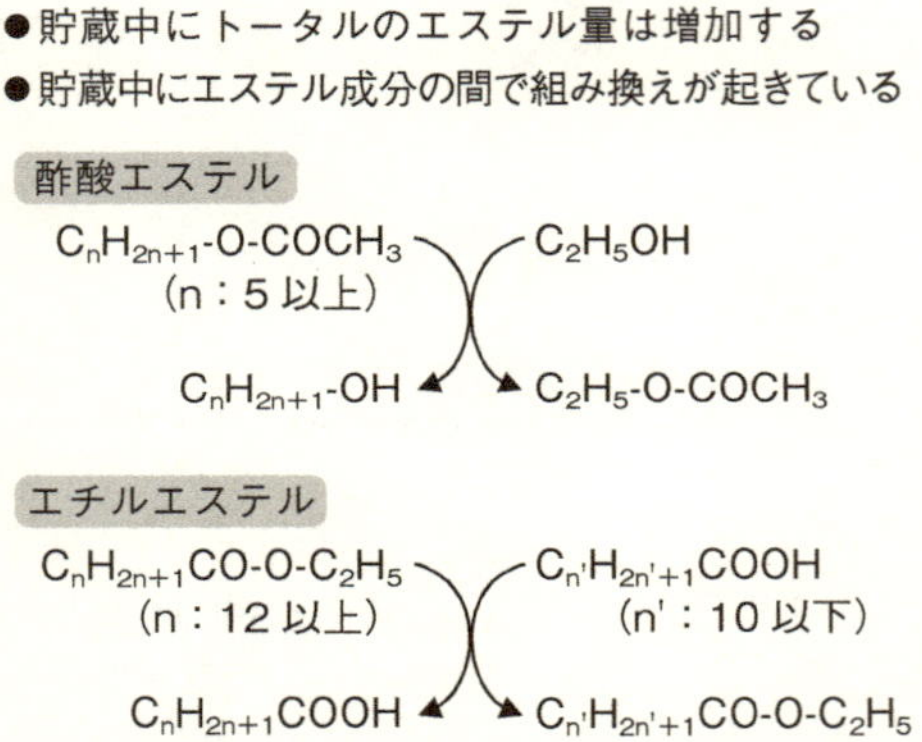

図10-4　ウイスキー貯蔵中のエステル成分の変化

低分子にシフトしたエステル成分は、いわゆる「エステリー」と呼ばれる、すっきりした香りや果実のような華やかな熟成香をウイスキーに付与するといわれている。熟成に伴う香りの変化は量の増加だけではなく、このような香気成分の組成の変化が要因の一つとなっている。熟成反応は、一筋縄ではいかないのだ。

貯蔵中にもっとも量が増加するのは酢酸エチルで、4年間の貯蔵で4倍に増加するという報告もある。その理由としては、酢酸はエタノールの酸化で生成するほかに、樽中にも多くの酢酸基が存在していて、貯蔵初期にそれらが溶出してくるため、酢酸エチルの生成が促進されるからと考えられる。

エステル化反応は酸とアルコールとが結合してエステル成分と水分子を生成するものだが、それとは逆に、エステル成分が水分子を取り込んで、酸とアルコールに分解してしまう反応が加水分解反応である。こちらはウイスキーの熟成にとっては不都合な反応といえるが、樽の中のウイスキー原酒がエステル化反応に進むか、加水分解反応に進むかは、関与する成分の濃度のバランスや、水分活性によって決まる。水の動きやすさの目安である水分活性は、前章で述べたようにウイスキー原酒の場合、約0・72に抑制されている（図9－4）。貯蔵中のウイスキー原酒がエステル化反応のほうへシフトしているのは、原酒中の水分活性が抑制され、加水分解反応が起きにくいことも寄与していると考えられる。

消えてゆく未熟成香

ウイスキーにおいては、硫黄化合物のうちスルフィド類は不快な臭いのもとになり、嫌われる成分の筆頭である。しかしその多くは、第7章で述べたように蒸留の際に、ポット・スチルの銅と反応して捕捉され、ニューポットに移行しない。そのため、銅製のポット・スチルは消耗が激しく、定期的に更新しなければならないほどだ。

しかし、なかにはポット・スチルによる捕捉をかいくぐって、ニューポット中に移行してしまうスルフィド類もある。これが前章でも述べた「未熟成香」である。

よく知られているのはジメチルスルフィド、ジメチルジスルフィド、ジメチルトリスルフィドといった成分である。メチル基と硫黄が結合しているわけだから、いかにも臭いがきつそうだ。

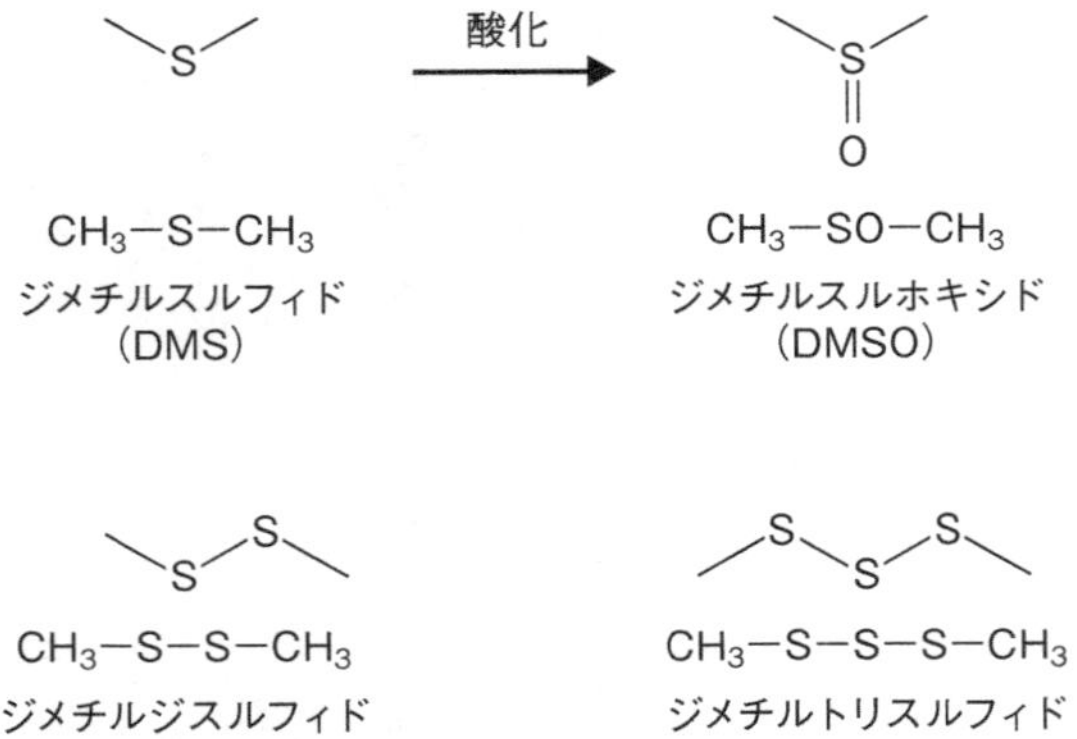

図10-5　未熟成香のジメチルスルフィドの酸化。ジメチルジスルフィド、ジメチルトリスルフィドも同様に酸化される

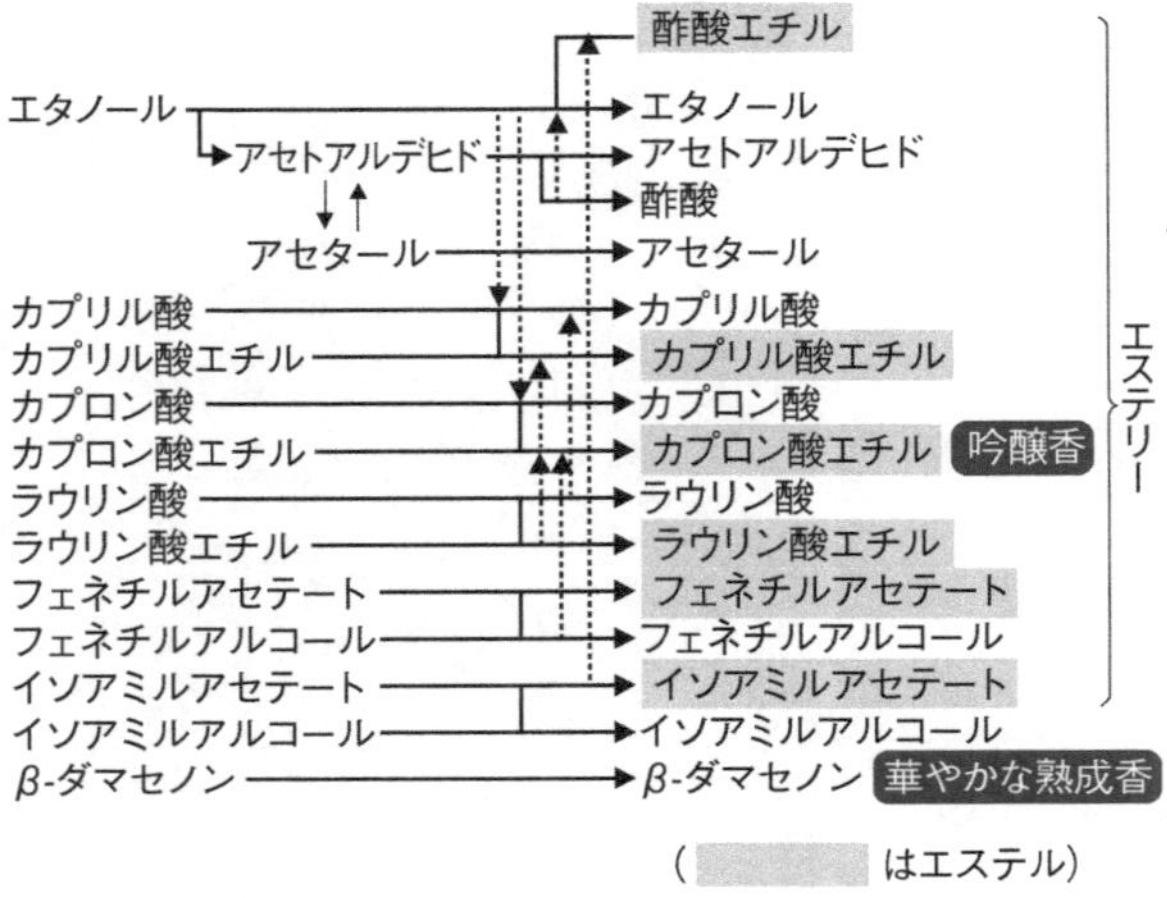

図10-6　熟成中の主要なニューポット成分の変化

ジメチルジスルフィドはニンニクの臭い成分としても知られているほどである。

だが、これらの成分は、貯蔵期間中に酸化されることによって臭いが弱まり、エタノールとともに蒸散して、ウイスキーから消失してしまうのだ。たとえばジメチルスルフィドは微量でも野菜が生ぐさくなったような臭いがするが、酸化してジメチルスルホキシドになると無臭になることが確認されている（図10－5）。エタノールの酸化と同じように、硫黄成分が酸化するのも、樽を通って入ってくる酸素による反応だ。香気成分が増すと同時に、嫌な香りがなくなることも、貯蔵による熟成効果のひとつなのだ。また、その際には樽由来成分が共存していると酸化が速く進むことが知られている。

ニューポット由来のおもな成分が、貯蔵中にどう変化し、香味にどう影響するかを図10－6にまとめて示した。エステル成分に関してはトータル量が増加すると同時に低分子のほうへシフトし、アルコール成分に関しては高級アルコールのほうへシフトすることが、結果的に、すっきりとした「エステリー」な香りと、β－ダマセノンとあいまった果実のような熟成香（フルーティー）をウイスキーに付与することになるのだ。

第11章

樽は溶けている

樽由来成分とエタノール濃度の驚異

変貌する小宇宙

樽という小宇宙で起こるドラマは、貯蔵中における樽由来成分の挙動を物語る章を迎え、いよいよ佳境に入ってきた。

このドラマは個性的な「ニューポット」、しっかりとつくられた「樽」、そして清潔な環境のもとでの日々の「呼吸」など、さまざまな背景がそろってはじめて進行可能な群像劇である。群像たちは小宇宙を舞台に、それぞれ思い思いの役割を演じながら変貌をとげてゆく。そして、それとともに小宇宙そのものも、荒々しく猛々しい世界から、すばらしい芳香に包まれた円熟の世界へと変貌をとげるのだ。

この章では、これまで「容器」または「反応器」という役割を演じてきた樽が見せる新たな顔に読者とともに驚き、さらにはニューポットのエタノール濃度が「天の配剤」ともいうべき絶妙な数値に設定されていることに思いをよせてみたい。

大量に溶け出す樽由来成分

ウイスキー製造現場の人は、ニューポットを樽に入れて貯蔵することを「樽で寝かせる」と表現する。しかし、寝かされている間にもウイスキーが結構忙しくしていることは、もうおわかりだろう。前章で見たように貯蔵期間中もニューポット中の成分は連鎖的に反応を繰り返し、さまざまな反応生成物をつくりだしているのだ。

しかも、さらに複雑なことには、原酒の「揺りかご」であるかのように見える樽からも、じつは驚くほど多量の、多様な成分が溶け出し、いろいろな反応に関与しているのだ。

12年から18年貯蔵したシングルモルトウイスキーでは、樽材に由来する高沸点（不揮発）成分の濃度は２５００～３５００ppmぐらいになることがわかっている。たとえば容量が約４８０リットルのパンチョンやシェリーバットの樽に、４００リットルのウイスキー原酒が入っていたとして、（ブレンディングによる加水操作を考慮すれば）製品となるウイスキーの量は約５６０リットルになる。したがって、ウイスキー原酒中には樽由来成分がじつに１・４～２キロ近くも溶け出していることになる。貯蔵中にこれだけの量の不揮発成分が樽から溶け出しているのだ。

これに加えて、香りのもとになる多様な低沸点成分も樽から溶け出している。量的には少ないが、揮発しやすい低沸点成分は微量でも十分に嗅覚を刺激する。

このように貯蔵中に樽からさまざまな成分が溶け出していることは、「色」を見ることでもっとも端的に理解できる。

蒸留したてのニューポットは、無色透明である。それが最初の1～2年で急激に色づき、その後も徐々に、色度（ウイスキーが呈する黄褐色の程度）を増していく。これは樽由来成分が溶け込んでいるからにほかならない。また、色調も時間の経過とともに、淡黄色から黄褐色に、さらに明るく輝くような琥珀色になり、最後にはそれが赤みを帯びてくる。十分に熟成したウイスキーには、「琥珀色」という言葉がよく似合う。

なお補足すれば、色調づくりには樽を通って入ってくる酸素の存在も不可欠である。貯蔵中に酸素の浸透が十分でないと、ウイスキー原酒はドス黒くなってしまい、あの明るくて深い色調の琥珀色にはならない。呼吸によって樽に浸透する酸素が、エタノール成分などの酸化反応を促していることは前章で述べたが、あの琥珀色をつくるのにも大きく寄与しているのだ。このことからも、樽が環境の微妙な変化をしっかりと伝えることの大切さがわかる。

抽出とエタノリシス

では、これから樽由来成分にはどのようなものがあり、どのような働きをしているかをくわし

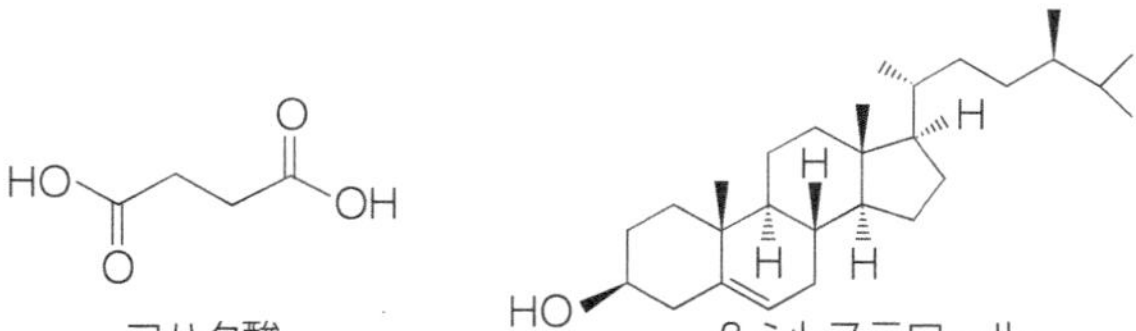

コハク酸　　β-シトステロール

図11-1　樽由来のおもな抽出成分

く見ていくことにする。

樽由来成分が樽から溶け出し、ウイスキー原酒に溶け込むまでには、2通りのパターンがある。一つは、樽のオーク材に含まれている成分が、ほぼそのままのかたちで溶出し、ウイスキー原酒に溶け込むパターン。これを抽出といい、溶出する成分を抽出成分という（図11－1）。

抽出成分のおもなものとしては、コハク酸がある。コハク酸はカルボキシル基を2個持った不揮発性のカルボン酸で、貯蔵中に樽から溶け出してアルコールと反応し、エステル形成に寄与する。特徴的な味を呈し、味噌、醤油、清酒などにも含まれている。

また、前章で登場した酢酸は、オーク材中にも多糖類と結合して存在していて、ウイスキー原酒中に溶出してくる。酢酸はエステル成分を生成するキー物質だが、ウイスキー原酒中には、前章で述べたエタノールの酸化によりつくられる酢酸よりも、樽のオーク材由来の酢酸のほうが量的に多いことが明らかにされている。

ほかにおもな抽出成分としては、オーク材の細胞膜を構成する成分である植物ステロールがある。ウイスキー中の植物ステロールのほとんどはβ－シトステロールといって、香味はオイリーだが、摂取するとコレステロール吸収を抑えることができ、健康食品としても注目されている成分だ。

ただしウイスキー中に含まれるこれらの成分は微量で、それぞれの個性が明確に出現するほどではないが、わずかでも含まれていることが、ウイスキーの香味形成に何かしら寄与していると考えられる。

樽由来成分がウイスキーに溶け込むもう一つのパターンは、オーク材に含まれる高分子成分が、徐々に分解されてから溶け出してくるパターンである。樽のオーク材には、樹木を形づくり支えていた幹の部分（心材の部分）が多く含まれている。それらを構成する高分子の成分は非常にしっかりしていて、なかなか分解できない。それが長い貯蔵の間に、エタノールによって分解されて、溶け出してくるのである。これを「エタノリシス」と呼ぶ。

樽由来成分がウイスキーへ溶け出すパターンはこの2通りであるが、ある成分がどちらのパターンで溶け出すかは、抽出の場合もあればエタノリシスの場合もあり、明確に分かれているわけではない。いずれにしても、樽からはたくさんの成分が溶け出していて、それらの成分どうしで、あるいはニューポット由来成分と反応しあい、長い時間をかけてさまざまに変化し、ウイスキーの香味を特徴づけているのだ。気の遠くなるような話である。

ウイスキー原酒中の不揮発成分を分子量別に見ると、分子量３０００以下の低分子成分から、

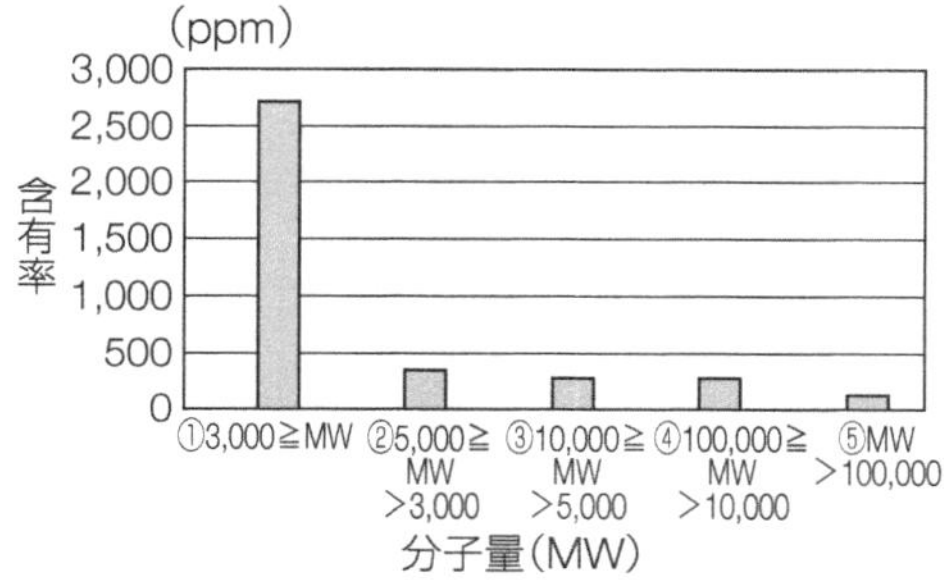

図11-2　ウイスキー中の不揮発成分の分子量分布
（山崎18年）

分子量10万を超える高分子成分まで、じつに幅広く分かれる（図11－2）。かりに分子量10万の化合物が分子量180のグルコース（単糖類）だけで構成されているとすれば、グルコース分子は6000個も重合していることになる。ウイスキー原酒には、こんなに大きな分子も溶け込んでいる。

クェルクスラクトンは「ココナッツの香り」

熟成したウイスキーはまず、その琥珀色で飲む者の目を楽しませ、次に香りで心を満たしてくれる。ウイスキーの香りをつくるうえで、樽由来の揮発成分は非常に大きな役割を果たしている。

なかでも重要なのが、精油成分だ。これは「エッセンシャルオイル」とも呼ばれ、水には溶けず、油やアルコールに溶ける。「精油」「オイル」といっても油脂成分ではない。一般によく知られている精油成分には、ハーブの葉から香水用に抽出されるものがある。葉の重量あたり0・001～0・2%ぐらいしか含まれていない非常に微量な成分だ。

クェルクスラクトンのb型　　クェルクスラクトンのa型

$OCCH_2CH(CH_3)CH(CH_2)_3CH_3$（O を介して環状に結合）

図11-3　クェルクスラクトンのa型（右）とb型（左）。aとbでは側鎖の部分の結合様式が異なる（ と ）

これまでウイスキーの精油成分は詳細な検討がなされていて、現在までに１００種類以上が同定されている。なかでも、ウイスキーに熟成香を与える成分としてとくに知られているのは、ラクトン類に属しココナッツ様の香りを持つ、クェルクスラクトンである。

ラクトン類とは一つの化合物が水酸基とカルボキシル基とを持っている場合に、両者がエステル結合して環状となったものをいう。多くの植物に存在し、香気性のものが多い。クェルクスラクトンはオーク材特有のラクトン類で、オークラクトンとも呼ばれる。また、ウイスキーの熟成研究で見つかったことからウイスキーラクトンとも言われる。クェルクスとは、第８章で述べた〝美しい木〟を意味するラテン語で、樽材となるコナラ類、つまりオーク材の学名だが、クェルクスラクトンはすべてのオーク材に含まれているわけではない。ウイスキー樽に用いる落葉性のオークには含まれるが、常緑性のオークには含まれていないのだ。樽材の中ではタンニンに結合する形で存在していて、タンニンの分解とともにウイスキーへ溶出し、香りの形成に加わる。

クェルクスラクトンには、a型とb型の立体異性体がある（図11－3）。立体異性体とは、分子式も構造式も平面的に見れば同じだが、立体的に見ると違う化合物どうしのことだ。人の右手と左手のように、似てはいるが決して重なりあわない、鏡に映したような関係である。クェルクスラクトンのa型とb型も、ちょうどそのような関係にある。逆にいえばその違いだけで香りの強さは異なっていて、b型のほうが閾値が低く、少量でも強い香りを発する。ウイスキーにはa型とb型の両方が含まれているが、b型のほうが量は多い。

「難物」の高分子成分

次に分解成分に目を移すと、とくに分解するのがむずかしい高分子成分に、ウイスキーの香味をつくるうえで欠かせない物質がたくさんある。

樹木には心材部分と辺材部分とがある。心材部分は死んだ組織であり、生きている細胞は辺材部分に存在する。だが死んでいるとはいえ、心材部分には樹木を支えるという大切な役目がある。そこで心材部分は、非常に分解されにくい細胞壁を構成している高分子成分を材料として、しっかりとした構造をつくりあげているのだ。

細胞壁をつくっているおもな高分子成分には、セルロース、ヘミセルロース、リグニンがある。いずれも低分子量の物質が重合したもので、非常に強固に結合している。細胞壁が細胞の形

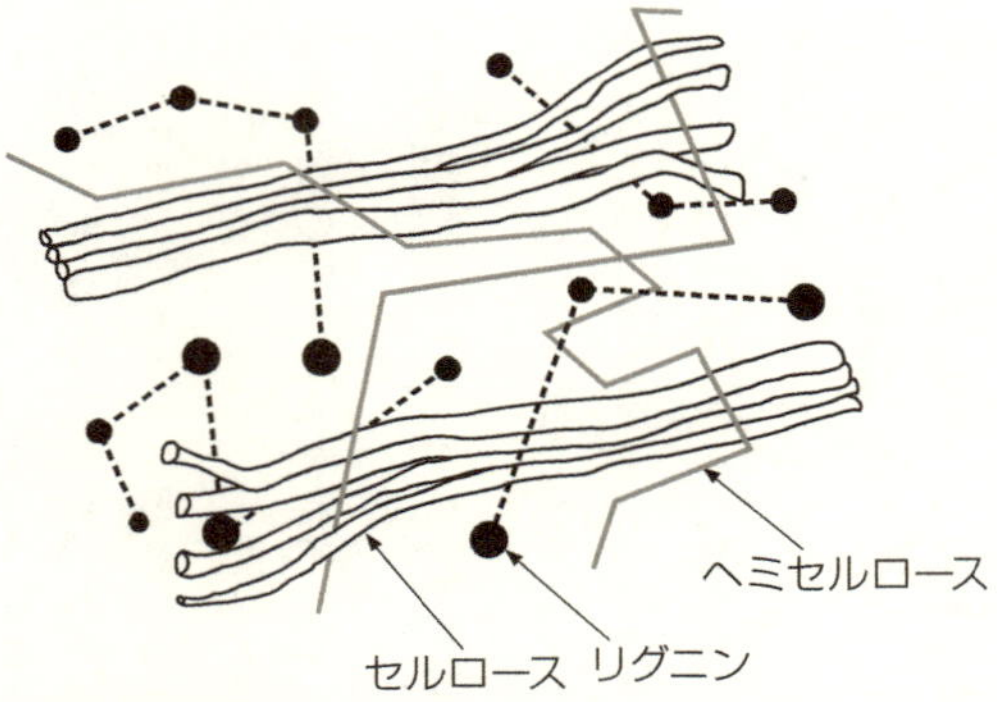

図11-4　細胞壁におけるセルロース、ヘミセルロース、リグニンの関係

と大きさを決め、細胞を守ることができるのは、これらの高分子成分のおかげなのだ。細胞壁を鉄筋コンクリートにたとえれば、リグニンが鉄筋にあたり、セルロースが鉄筋の周囲を埋めるコンクリート、ヘミセルロースが鉄筋とコンクリートをつなぐ針金に相当するといわれている（図11－4）。

「コンクリート」にあたるセルロースは、単糖類のグルコースがつながった多糖類だ。植物体の3分の1を占めていて、地球上で最大のバイオマスといわれる。われわれのエネルギー源となるデンプンもグルコースがつながった多糖類だが、セルロースとデンプンではグルコースの結合様式が少し異なる。その少しの違いのために、セルロースとデンプンはまったく性質が異なることに驚かされる。

両者の部品となるグルコースは、六炭糖と呼ばれるように炭素6個からできていて、それぞれの炭素には

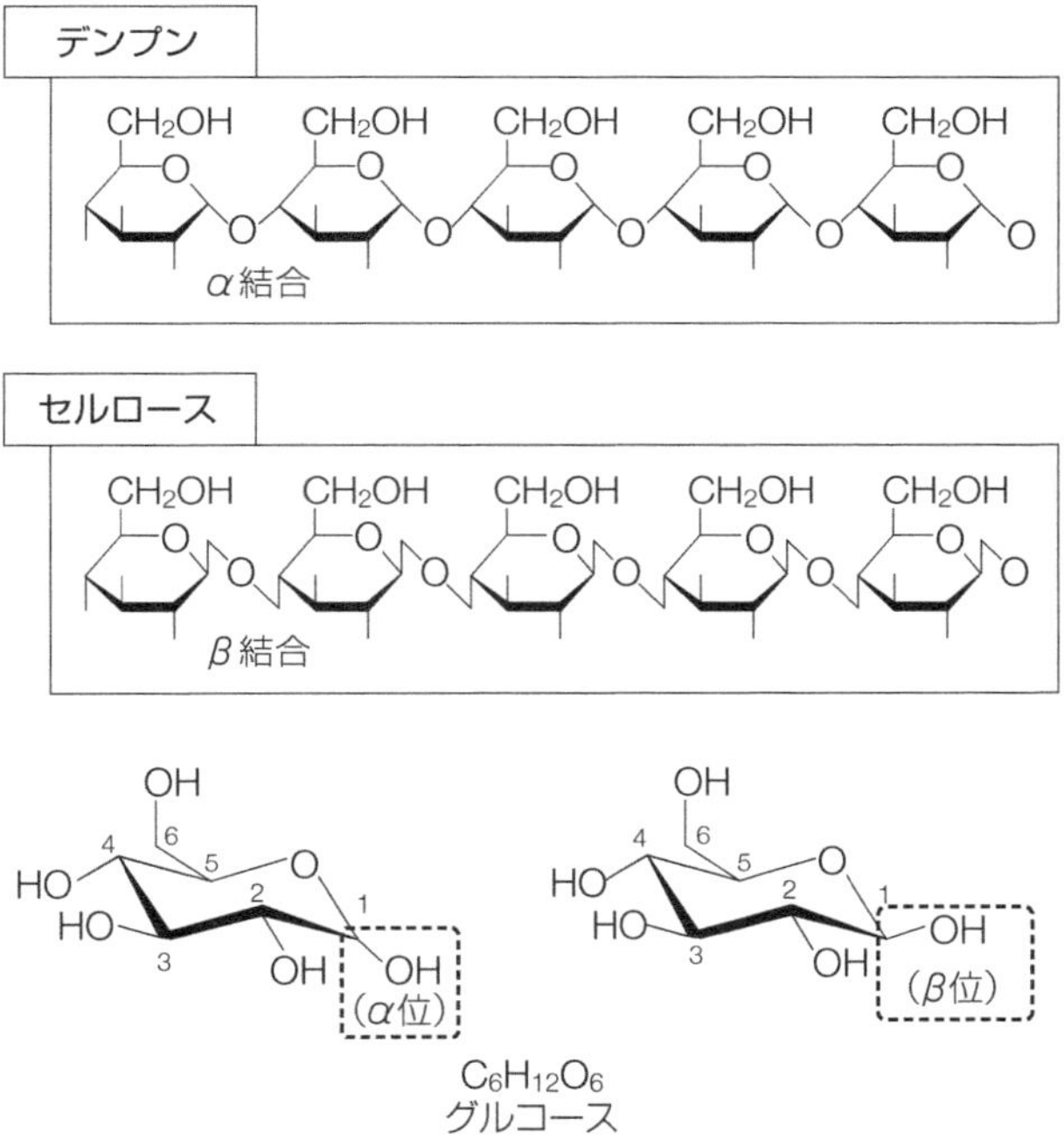

図11-5　デンプン、セルロース、グルコースの構造

図11-5に示したように番号が付けられている。1番の炭素に結合している水酸基(-OH)のみは、たえず上下に動いていて、下に位置したときが「α位」、上に位置したときが「β位」と呼ばれている。

デンプンでもセルロースでも、1番の炭素が別のグルコースの4番の炭素と脱水縮合をしてつながっているのだが、デンプンの場合、1番の炭素に結合している水酸基はα位にある。この結合様式は「α1-4結合」と呼ばれて

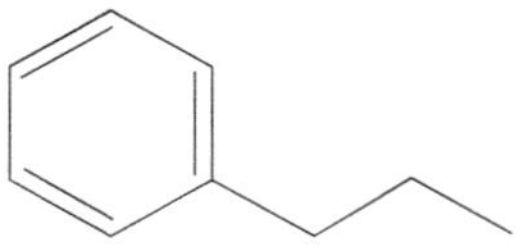

$C_6H_5(CH_2)_2CH_3$

図11-6　フェニルプロパンの構造

いる。一方のセルロースは、β位のときに結合していて「β1－4結合」と呼ばれる。

α位の水酸基は、グルコースの六員環の面に対して少し角度を持っているため、α位の水酸基に結合したグルコースも角度を持つことになる。したがってα1－4結合を繰り返していくと、グルコースの六員環の面が少しずつずれていき、結果的にらせん状になる。

一方、β位の水酸基は六員環の面と同じ方向に伸びているため、結合したグルコースも同じ面になる。この結合を繰り返していくため、グルコースはまっすぐつながった棒のようになる。

細胞壁では、このような直鎖状のセルロースが50本ほど並んで互いに結合している。これは「構造多糖」と呼ばれる非常に強固な繊維構造で、隙間がないために分解されにくい。一方のデンプンは「貯蔵多糖」として、根や種子に蓄えられている。われわれがそれを頂戴してエネルギー源とすることができるのは、デンプンの結合がらせん状で空間に余裕があるため、消化酵素が作用して分解することができるからなのだ。

「針金」に相当するヘミセルロースの場合は、おもに炭素5個（五炭糖）のキシロースやアラビノースを基本単位としていて、セルロースと同じように強固なβ1－4結合でつながっている。

ちなみに、キシロースは和名で「木糖」とも呼ばれている。

「鉄筋」にあたるリグニンは、分解されにくさではセルロースやヘミセルロース以上で、フェニルプロパン（図11－6）と呼ばれる化合物を基本単位としている。フェニルプロパンは、いわゆるベンゼン環に炭素数3個の炭化水素のプロパンが結合した化合物で、通常、光合成によって生成する。これらがランダムに重合して高分子化したものがリグニンなのだが、具体的にどのようにリグニンが形づくられるのかはまだあまりよくわかっていない。植物の細胞が成熟するとともに、リグニンは細胞壁に沈着してゆき、その結果、木部組織が強固になり、植物体を支えることができるようになる。

このように樽材の細胞壁を構成する高分子化合物は、その組成はそれぞれ違うものの、いずれも強固で、なかなか分解できない難物である。しかし、いずれもウイスキーの香味をつくるうえで不可欠の成分なのだ。貯蔵中にこれらが分解されるしくみについては、のちほど見ていこう。

タンニン由来の主要ポリフェノール酸

樽材から溶け出す高分子成分には、ほかにタンニンがある。タンニンは辞書には「カシの皮や五倍子《ふし》など植物界に広く存在し、加水分解で多価（ポリ）フェノールを生じる収斂《しゅうれん》性の植物成分の総称」と説明される。

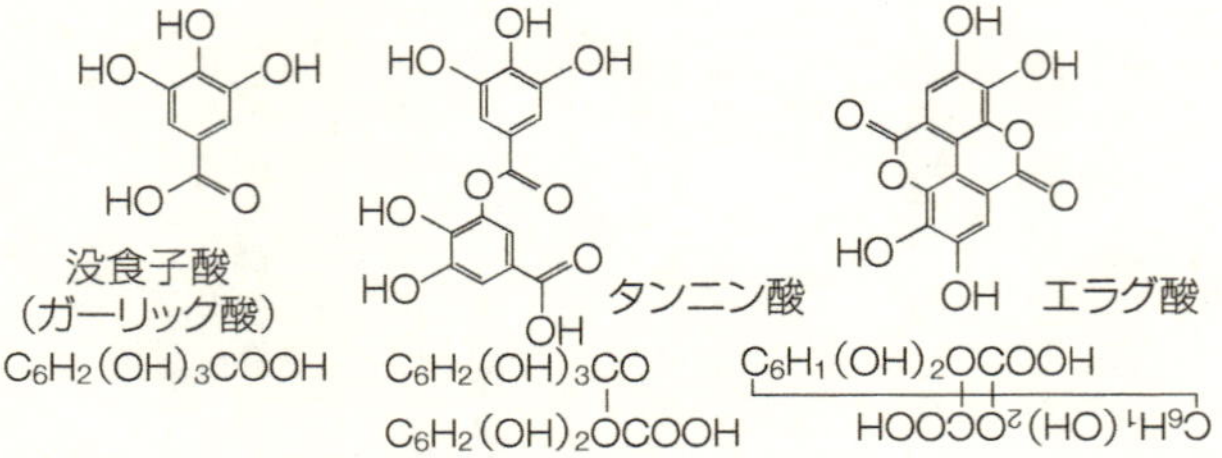

図11-7　ウイスキー中の主要なポリフェノール酸

タンニンには、タンパク質や金属と激しく反応する性質がある。したがって、樹木に虫や微生物などが侵入してきた場合、その侵入者のタンパク質に結合して動きを阻止する役割を担っている。タンニンは植物を守る防御物質なのだ。この性質を利用して、人は昔から皮をなめす際の鞣皮剤《じゅうひざい》として使ってきた。動物の皮はそのままだと硬くなったり腐ってしまったりするので、皮の表面をタンニンで処理してタンパク質を変性させ、皮を柔らかくして耐久性や可塑性をもたせるのだ。

タンニンには加水分解型タンニンと縮合型タンニンがあり、両者は根本的に構造が異なる。加水分解型タンニンは、加水分解されると、糖などのポリアルコールのほか、没食子酸《もつしょくし》（ガーリック酸）、タンニン酸、エラグ酸を生成する。これらはいずれもポリフェノール酸（1分子中にフェノール性水酸基を複数持つ）であり、ウイスキー中の主要なポリフェノール酸は、この3種類である(図11-7)。このことから、オーク材にはおもに加水分解型タンニンが多く含まれていて、加水分解されながら徐々にウイスキー原酒中に溶け込んでくるものと考えられる。タンニンはリグニンなどに比べれば、分解されやすい化合物だ。

この3種類の酸は「ウイスキーポリフェノール」とも呼ばれ、香味の形成だけでなく、活性酸素の消去など機能の面からもウイスキーの品質を高めるうえで欠かせないものである。

セルロースとヘミセルロースの分解と変化

それでは細胞壁を構成している高分子化合物である〝難物3兄弟〟（セルロース、ヘミセルロース、リグニン）を、ウイスキーはどのように分解し、溶かし込んでゆくのだろうか。また、溶け込んだ成分はどのような働きをしているのであろうか。

ここで、第8章で述べた「チャー」という操作を思い出していただきたい。樽の側板を組み立てたあと、側板の内側を焼く作業である。その目的は、樽材の表面を焦がし、樽の木香が強く出すぎないようにすることだった。じつはこのチャーが、難物の高分子成分を分解するために一役買っているのである。

セルロースの場合は、構成糖であるグルコースがチャーによって熱せられると、加熱分解を起こす。その結果、いろいろな成分に変化し、徐々にウイスキー原酒中に溶け出してくる。チャーによって生成する成分はいずれもカラメルや黒砂糖にも含まれる甘い香り成分である。

ヘミセルロースの場合は、その構成糖であるアラビノースやキシロースが加熱によって分解し、アーモンド様の特徴ある香りを持つフルフラールを生成する。フルフラールは酸化されると、無数の有機酸に変化し、さらにこれらの酸のエチルエステル化が貯蔵中に進行する。

このようにチャーという操作は、たんに木香臭を抑えるだけではなく、高分子成分を加熱分解し、香味の形成を促すという非常に重要な役目を果たしているのだ。

リグニン由来化合物の「バニラの香り」

鉄筋コンクリートにおける鉄筋役であるリグニンも、やはりチャーによって加熱分解される。その結果、基本単位であるフェニルプロパン構造を持つ化合物群が、特徴ある香味を持つ多くのフェノール化合物となって、ウイスキー原酒に溶け出してくる。

リグニン由来の化合物は、セルロースやヘミセルロース以上に多彩な働きを担っている。代表的なものには、バニラの甘い香りを持つバニリンとその類縁体（バニリングループ）がある。私もウイスキーの不揮発成分をいろいろな溶媒で分けていて、バニラの芳香を放つ画分《かくぶん》が得られたときはあまりの華やかさに驚いたものだ。

リグニン由来の化合物としては図11－8のように、バニリングループ（Ⅰ）のほか、コニフェリルグループ（Ⅱ）、シリンググループ（Ⅲ）、シナップグループ（Ⅳ）が知られている。いずれも、リグニンの基本構造であるフェニルプロパンとよく似た構造を持っていて、バニリンと同じ

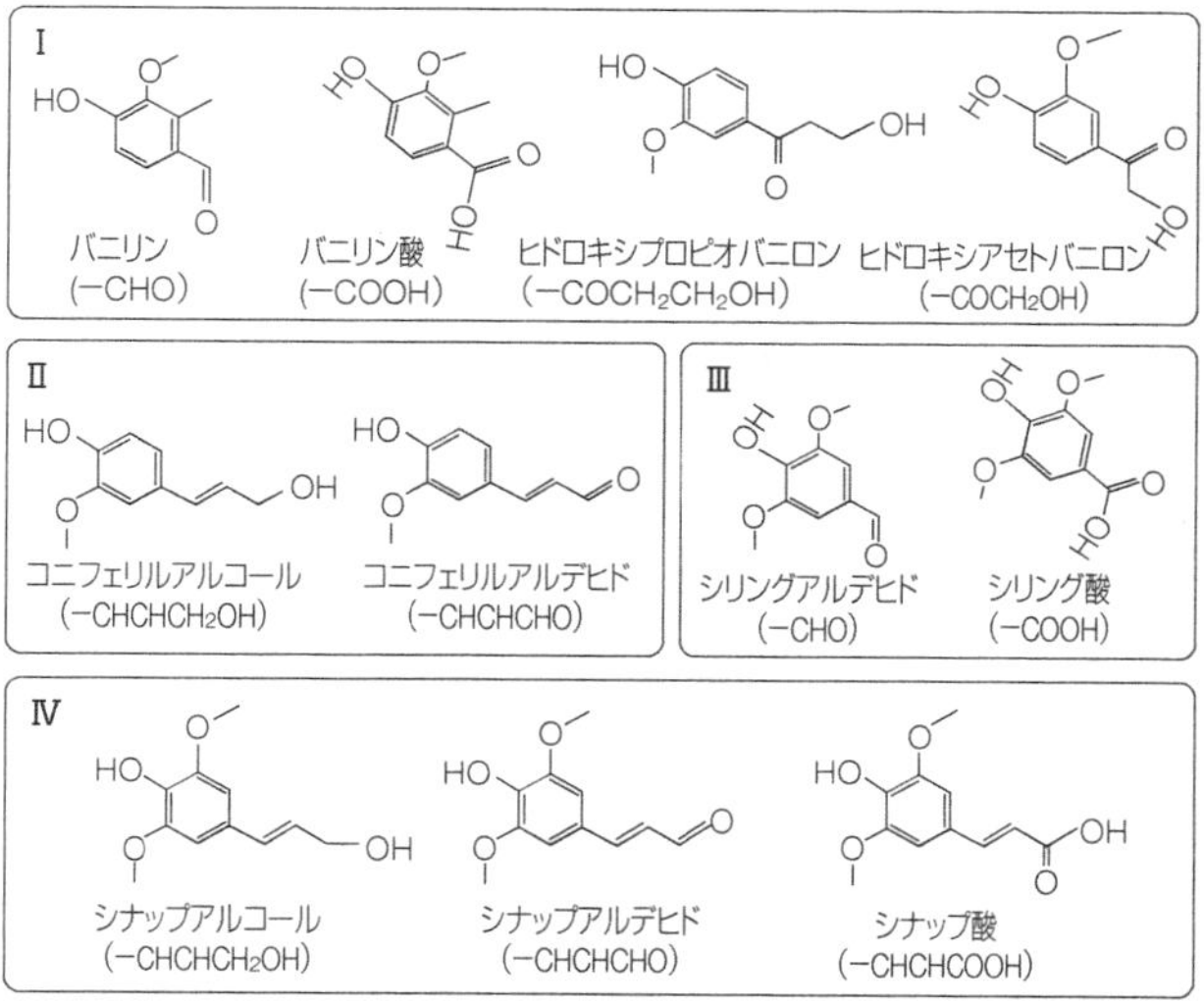

図11-8　バニリンとそれに似たリグニン由来化合物の各グループ

ように甘い香りを持つ。

　これらリグニン由来の各グループの化合物は、その共通構造を基本にアルコール型（-OH）、アルデヒド型（-CHO）、カルボン酸型（-COOH）に分かれていて、貯蔵が進むにつれて、アルコール型からアルデヒド型、そしてカルボン酸型へと酸化が進行する。これはエタノールがアセトアルデヒド、酢酸へと酸化が進行するのと同様である。さらに、エタノールが酢酸とエステル化反応を、アセトアルデヒドとアセタール化反応を進行させるように、リグニン由来の化合物も、アルコール型、アルデヒド型、カルボン酸型の間でエステル化反応やアセタール化反応を進行させている可能性もある。また、エタノールやアセトアルデヒド、酢酸がこれらの成分と反応する可能性もある。

このほかいろいろなリグニン由来の揮発性フェノール化合物が原酒中に溶出してくるが、とくに多いのがオイゲノール。オイゲノールは刺激があるが、独特の快い香りを持ち、フェニルプロパン骨格を基本とする化合物で、香辛料のクローブにも含まれている成分だ。クローブは日本では「丁子《ちょうじ》」と呼ばれ、古くから愛用されている。

また、熟成ウイスキーの主要抗酸化成分の一つとして注目されているリオニレシノールや、熟成とともに増加することから熟成の進みぐあいを調べる指標物質として利用されているスコポレチンなども、フェニルプロパン骨格を基本とするリグニン由来の化合物だ。

こうして見てくると、ウイスキーの熟成における樽の役割の重要さに、あらためて驚かされる。それはたんにニューポットの容器、あるいはニューポット由来成分の反応器であるにとどまらない。みずから大量の、そしてじつに多様な成分をウイスキー原酒に溶かし込み、まさにウイスキーの一部となって熟成に貢献しているのだ。ウイスキーを飲むことは、樽という「樹」を飲むことであるといえるのかもしれない。少なくともわれわれの日常で、ウイスキーを飲むときほど「樹」の多様な成分を摂取する機会はほかにないだろう。

エタノール濃度の不思議

樽の内面を焦がすチャーという操作が、〝難物3兄弟〟（セルロース、ヘミセルロース、リグニン）の加熱分解、抽出を促し、それがウイスキー原酒の熟成に大きな役割を果たしていることがわかった。しかし、チャーも決して万能というわけではなく、その影響を受けずに残る高分子成分も少なくない。

セルロースやヘミセルロースの場合は、徐々に加水分解されて、それぞれを構成するグルコース、アラビノース、キシロースなどの糖分となって溶け出してくる。グルコースとアラビノースでウイスキーの全糖量の3分の2を占めるが、もともとウイスキーには甘みを感じさせるほど糖は多くなく、これらは味に丸みを与えるのに役立っていると考えられる。グルコースやアラビノースはさらにエタノールと反応して、新たな化合物に変化することも知られている。また、酢酸エステル群を形成するキー物質となる酢酸が樽のオーク材に豊富に含まれていることは前に述べたが、オーク材の中で酢酸はヘミセルロースと結合している場合が多く、これも加水分解によって溶け出してくる。酢酸ほど多くはないが、オーク材中にはカルボキシル基を2個持っているコハク酸やアゼライン酸も含まれており、これらも加水分解を受けて溶け出してきて、エチルエステル形成に進むことが知られている。

リグニンの場合、チャーの影響を受けなかったものは、加水分解ではなくエタノールによる分解作用（エタノリシス）によって溶け出してくるようだ。セルロースのような糖類の結合は脱水縮合によって高分子化しているのだから、分解のときは反対に加水分解となるのはわかるが、リグニンはその形成のしかたがよくわかっていないため、エタノールがどのように作用してエタノリシスを進めているのかは、いまだに謎である。

ただ明らかにいえるのは、エタノリシスによる分解のほうが、チャーによる加熱分解よりもずっと重要な位置を占めているということだ。図10－1の貯蔵中の固形分量の変化でもわかるように、長い貯蔵期間中では、エタノリシスによって徐々に分解されてできたリグニンなどの樽由来固形分のほうが、チャーによる貯蔵初期の分解産物より量が多いのである。そしてリグニンに限らず、ポリフェノールを生成するタンニンなどの高分子成分の分解・溶出も、エタノリシスによるところが大きい。ウイスキーの熟成に、エタノリシスは非常に重要な役割を果たしているのだ。

エタノリシスが進行する度合いは、ニューポットのエタノール濃度によって変わってくる。では、エタノリシスが効率よく進むために、もっとも適したエタノール濃度は何%なのだろう？ それはすなわち、ウイスキーの熟成に最適のエタノール濃度は何%なのかという問いでもある。

その答えをこれから明らかにしてゆくが、読者はおそらく、キツネにつままれたような不思議さを味わうことだろう。

ここに、一つの実験結果がある。樽材となるオーク材をいくつもの小片にして、さまざまなエタノール濃度の溶液に2年間浸漬したあと、その色素（波長550ナノメートルでの吸光度）と樽材成分の溶出量を各濃度で比較してみた。その結果は、エタノール濃度が約60％のときに、もっとも樽材からの着色成分や、そのほかの不揮発成分の溶出量が多かった（図11－9）。その理由については定かではないものの、少なくとも二つのことが考えられる。

一つは、エタノールがオーク材の内部にもっとも深く浸透できる濃度が、約60％なのではないかというものだ。オーク材成分を分解し、溶け出させるためには、エタノールが溶液状態でオーク材にしみこんでいかなければならない。エタノール濃度が高すぎると揮発しやすくなるし、低すぎると疎水性成分を含んでいるオーク材にはねつけられてしまう。そのいずれでもない最適の濃度が、約60％だったということではないだろうか。

もう一つの理由は、エタノール濃度が約60％のときのエタノール溶液の親水性と疎水性のバランスが、オーク材の成分を溶かすのにちょうどよいのではないかということだ。

たとえば糖やミネラルなどは、純水にはよく溶けるが、純粋の（ほぼ１００％の）エタノールには溶けない。これらは水を好む「親水性」の物質である。一方、脂質や脂溶性ビタミンなどは純水には溶けないが、純粋のエタノールにはよく溶ける。これらは水を嫌う「疎水性」の物質である。ところが60％のエタノール溶液は、純水と純粋エタノールの中間の性質を示す。純水よりは疎水性の物質を溶かすことができるし、純粋のエタノールよりも親水性の物質を溶かすことができるという疎水性／親水性バランスをそなえているのだ。このように親水性と疎水性をあわせ

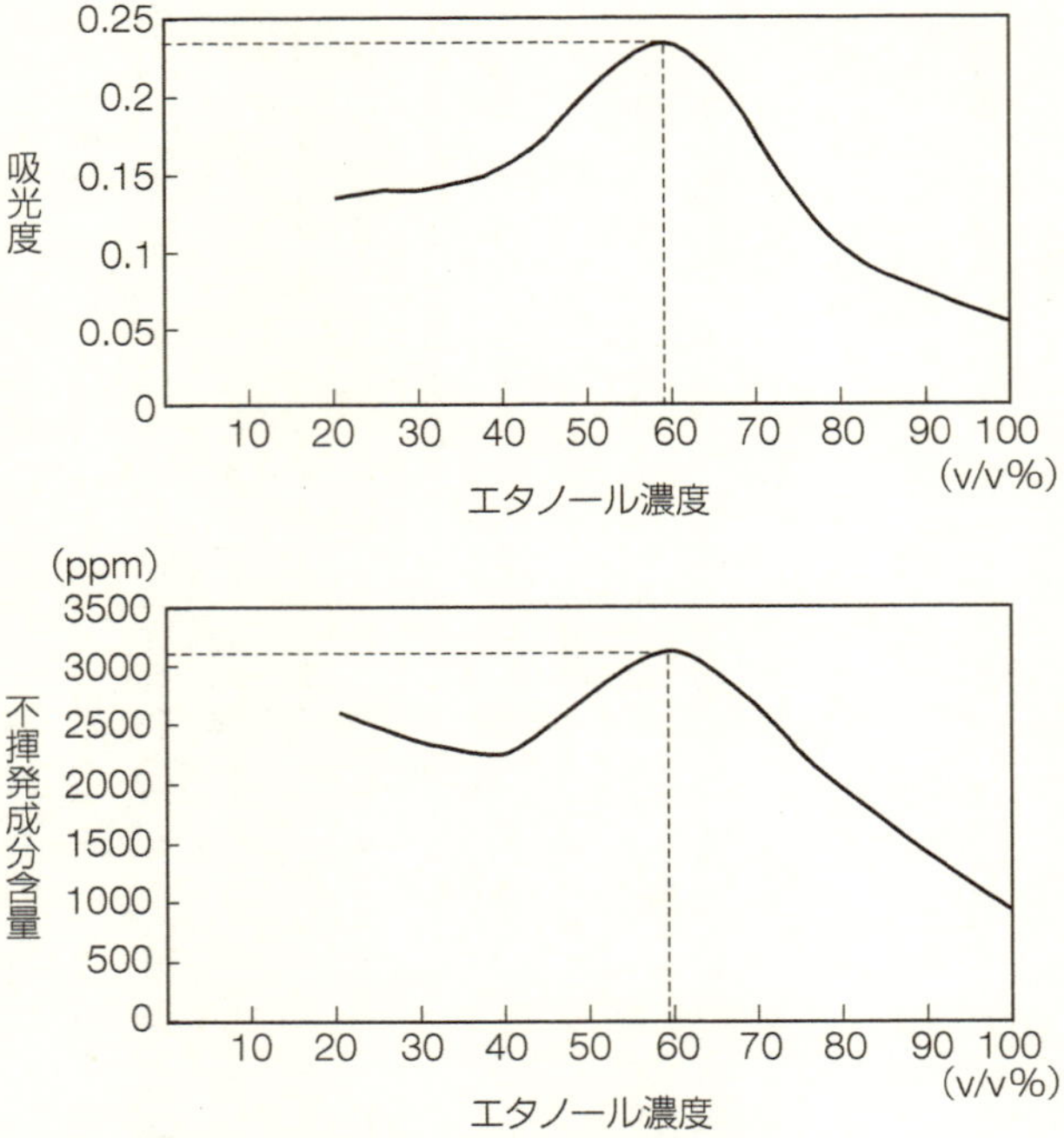

図11-9　樽材成分の溶出量とエタノール濃度
(上が着色成分、下が不揮発成分)

もつ化合物を「両親媒性物質」という。

オーク材中の主成分であるリグニンやタンニンを由来とする化合物も、親水性の官能基である水酸基、アルデヒド基、カルボキシル基と、疎水性の芳香族環とをあわせもっている。これらの化合物の疎水性／親水性バランスが、60％エタノール溶液のバランスと近いために、優先的に溶出してきたのではないだろうか。

表11-1　ウイスキーの分子量別画分中のポリフェノールおよび中性糖の含量

分子量	3,000以下	3,000～5,000	5,000～10,000	10,000～100,000	100,000以上
ポリフェノール含量	3.6%	8.5%	20.6%	17.9%	14.1%
中性糖含量	6%	7%	13%	13%	12%

これらのことから、先にあげた疑問の答えが見えてくる。エタノリシスの進行をもっとも促進するエタノール濃度、すなわちウイスキーの熟成に最適なニューポットのエタノール濃度は、約60％なのである。

不思議なことではないだろうか。これまで何度か述べたように、蒸留したばかりのニューポットが樽に入れられて貯蔵が開始されるとき、そのエタノール濃度は約60％であった。奇しくもそれは、ウイスキーの熟成にもっとも都合のいい濃度だったのだ。表11－1は、ウイスキー中の分子量の異なるそれぞれの画分の不揮発成分に含まれるポリフェノールと中性糖の量を示している。ポリフェノールはタンニンやリグニン由来、中性糖はセルロースとヘミセルロース由来の分解物と考えられる。分子量が比較的小さい画分に比べ、分子量５０００～１万、１万～10万、および10万以上の画分には、かなりの量のポリフェノールと中性糖が含まれている。これは、高分子の成分ほど疎水性／親水性バランスの特徴を発揮して、エタノール60％溶液によく溶け込んでいることを示している。

いったい先人たちは、ここまで考えてニューポットをつくったのだろうか。そうではないはずだ。たまたまエタノール濃度７％の発酵モロミをポット・スチルで2回蒸留することによって、約60%のエタノール濃度になったにすぎない。しかし、この「たまたま」が、樽材から成分を溶かし出し、ウイスキーにあの香味を与えるのに最適の条件となっていたのである。その僥倖に、私は感謝せずにはいられない。

しかも、その後のウイスキー成分の動的な変化を考えると、ますますエタノール濃度60%のありがたさを痛感せざるをえないのだ。そこでもう少し、「60%」の意味について考えてみたい。

「60%」の僥倖

熟成においては、成分変化のきっかけは酸化反応であることは第10章で述べたとおりだ。樽の呼吸によって浸透する酸素が、主成分であるエタノールをはじめ多くの成分を酸化し、その後のアセタール化反応やエステル化反応に参画するアルデヒドやカルボン酸を供給するのだ。

これらの変化は、速く進みすぎてはウイスキー原酒のバランスを崩してしまうので、ゆっくりと着実に進行させせなくてはならない。そのためには、溶媒であるウイスキー原酒中に、ある程度、酸素が溶けている必要がある。そこでエタノール濃度と酸素の溶解度の関係を調べてみた。すると、純水（濃度0%）から濃度40%までは酸素の溶解度に大きな違いはないが、40%を超えると急激に酸素が溶けやすくなり、濃度60%になると酸素の溶解度は40%溶液に比べて約1・8倍になった。このことが、酸化反応のゆっくりと着実な進行に寄与しているに違いない。

また、酸化反応に続くアセタール化反応、エステル化反応においても、「60％」の僥倖は見逃せない。これらは脱水縮合、すなわち水が引き抜かれて進む反応であり、この逆反応が、水を取り込むことで進む加水分解反応だ。前に述べたように、60％エタノール溶液中では、水の動きの指標である水分活性が純水に比べて約30％抑制される。この性質が、反応を脱水縮合に向かわせ、香気成分であるアセタール成分やエステル成分の生成に寄与しているに違いない。

ウイスキーの熟成は、一つの成分だけが主人公となって進行するのではなく、多様な成分が折り合いをつけながら共存することで少しずつ進んでいる。多様な成分が共存している状態そのものが「熟成」であるともいえる。そして、そのような状態をつくりだすための「場」として、エタノール濃度は60％であることがもっとも望ましいと考えられるのだ。

では、このように特別な濃度ともいえる60％エタノール溶液では、水とエタノールはやはり、何か特別な関係で存在しているのだろうか。これは非常に興味深い問題なのだが、残念ながら明確な答えは得られていない。しかし、次のような興味深い事実がある。

50ミリリットルの純水と50ミリリットルの純粋エタノールを混ぜ合わせても、体積は100ミリリットルではなく、97〜98ミリリットルにしかならない。つまり、純水と純粋エタノールを混ぜ合わせると、混ぜ合わせる前より溶液の体積が縮んでしまうことがわかっている。

そこで、さまざまな比率で純水と純粋エタノールを混合し、体積の収縮率を縦軸に、混合後のエタノール濃度を横軸にとって両者の関係を求めてみたところ、混合後のエタノール濃度が約60％のとき、体積収縮率がもっとも大きかったのだ（図11－10）。水分子（W）とエタノール分子（E）の比でいうと2・9対1の濃度領域のところがこれにあたる。

　体積がもっとも縮むということは、水分子とエタノール分子がもっともコンパクトに存在しているということに違いない。具体的にどのような状態になっているかは、わからない。だが、いずれにしてもニューポットと同じ濃度60％のとき、エタノールと水は特殊な関係にあり、その関係がウイスキーの熟成に適しているということになる。「たまたま」の不思議さを感じずにいられないのは、私だけではあるまい。

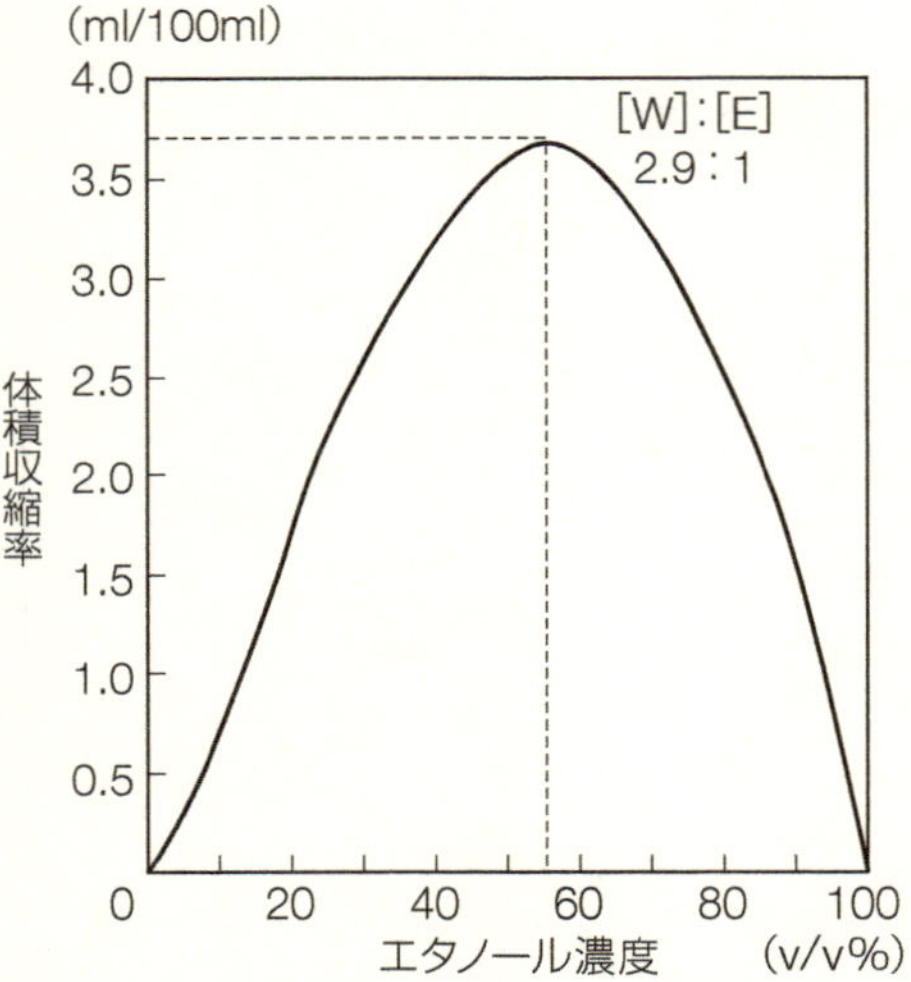

図11-10　水とエタノールを混合したときの、体積の収縮率とエタノール濃度の関係

第12章 「味」に関する考察

「甘さ」「辛さ」を分けるもの

ウイスキーコンジェナーは「地味な味」

第10章と第11章で、ウイスキーの香味を特徴づけるさまざまな成分について紹介してきた。ここで少し整理をしておくと、ウイスキー成分は、発酵モロミを蒸留して得られたニューポット由来の成分と、樽から溶け出してきたオーク材由来の成分とに分かれる。

ニューポット由来成分は、もともと気化したものを冷やして液化したのだから当然、揮発しやすい低沸点成分である。一方の樽由来成分は、揮発しにくい高沸点成分が大半を占めるが、微量ながら揮発成分もある。揮発成分はニューポット由来、樽由来のいずれにしても、空気中に漂いやすいものだから、ウイスキーの香りに関与していると考えられる。

ウイスキーからエタノールをはじめとする低沸点成分群を除いた画分は「ウイスキーコンジェナー」と呼ばれる。ウイスキーコンジェナーはウイスキーを減圧下でゆるやかに加熱することで

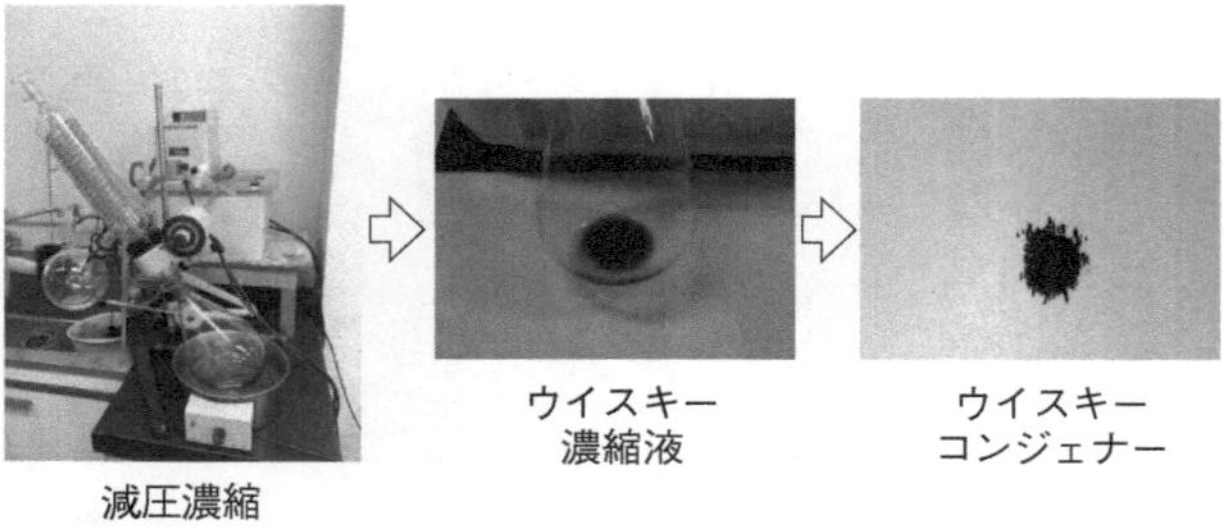

図12-1　ウイスキーコンジェナー
ウイスキーコンジェナーは樽由来の不揮発性画分で、ウイスキーを減圧蒸留した濃縮液を凍結乾燥したもの

低沸点成分を除きつつ濃縮した液を、凍結乾燥して得ることができる（図12－1）。

その主要な成分群は樽由来の高沸点成分であり、樽材のセルロース、ヘミセルロース、リグニンやタンニンなどの分解成分や、高沸点の抽出成分が中心である。しかし、これらの成分は単なるオーク材の分解成分や抽出成分ではなく、ウイスキーの長期貯蔵中にチャーやエタノリシスや抽出によって溶け出た成分がニューポット成分や溶出成分どうしで反応しあってできた成分群であり、ウイスキーならではの貴重なものなのだ。

確かに、揮発性の低沸点成分群を含むウイスキーの蒸留液は、熟した果物のようなエステリーで、ややオイリーでもあり、かつ穀物の香りもかすかに持っていて、好ましい香りがする。しかし、どういうわけか、揮発性の低沸点成分を除いたはずのウイスキーコンジェナーもまた、すばらしい香りを放っている。ウイスキーコンジェナーにはリグニン由来のバニリン類も含まれており、これらの持つ厚みのある甘い香りを中心とした熟成香がその特徴だ。人は匂いに対して敏感なため、空気中に漂う量がわずかでも感知できるのだろう。

ウイスキーコンジェナーをしばらく放置していても、その熟成香はいつもフレッシュで、変わることがない。なぜそうなのか、その理由はわからない。揮発成分の有無にかかわりなく、ウイスキーコンジェナーからたえず香りが生まれているのではないかと思うこともある。

さて、ウイスキーの香りについてはいままで述べてきた成分群で構成されていることがある程度理解できたが、すると次は当然、ではウイスキーの味はどうかという興味が湧いてくる。

通常、高沸点の不揮発成分は香りよりも味のほうに寄与する。ということはウイスキーコンジェナーも、バニラ様の甘い熟成香以上に味の形成に寄与しているのではないかと考えられる。しかし、このウイスキーコンジェナーを味わってみると、これが何とも地味な味なのだ。わずかにほろ渋く、かすかにほろ苦く、ちょっとほろ酸っぱく、という程度で、あの円熟したまろやかさに満ちた味には、ほど遠いのである。

ではウイスキーの場合は、不揮発成分のウイスキーコンジェナーは味に関与していないのだろうか？　とすれば、何が味を決めているのだろうか？　そもそも、ウイスキーの「味」とは何だろうか？　樽という小宇宙からは、さらに次々と疑問が湧いてくるが、引きつづきおつきあいいただきたい。

評価のポイントは「甘さ」と「辛さ」

〝生命の水〟蒸留酒がヨーロッパ各地で本格的に造られるようになったのは13世紀以降といわれている。人はエタノール濃度の高い蒸留酒を手に入れて初めて、酒精（エタノール）飲料としての酒そのものの味に関心を持つようになったのではないだろうか。では、酒の味とはそもそも、どのような味なのだろうか。

まず思いつくのが、酒を評価するときによく耳にする「甘い」「辛い」という表現である。清酒やワインでは「甘口」「辛口」はごく日常的に用いられる評価法だ。このことから、酒の味は糖分が決めているのではないかという仮定が成り立つ。

たしかに醸造酒の場合は、酒に残っている原料由来の糖分の量で甘さは違ってくる。アルコールに変換されずに残っている糖分の量が多いほど甘口になるし、すっかりアルコールに変換されて糖分が残っていなければ辛口ということになる。しかし、蒸留酒には基本的に、原料由来の糖分は含まれていない。ウイスキーの場合は樽由来の糖分がわずかに含まれてはいるが、甘さを感じさせるほどの量ではない。実際、ウイスキーコンジェナーを味わってみても、甘さはほとんど感じられない。つまり蒸留酒の場合、糖分はほとんど味に関与していないのである。

とはいえ、「甘い」「辛い」の区別は蒸留酒にもあり、その性格を評価する際の大きなポイントの一つになっている。では、蒸留酒の微妙な「甘さ」「辛さ」は何が決めているのだろうか。

5つの基本味

ここでひとつ確認しておきたいのは、ウイスキーなどの嗜好品を味わうとき、われわれは個々の成分の味を感じ分けているのではなく、そのすべてをまるごと感じとって楽しんでいるということだ。さらにいうなら、目で楽しみ、香りを楽しみ、場合によってはグラスの重さを楽しみ、氷塊がグラスにぶつかる音を楽しんでいる。その製品に付随した情報や知識までも、楽しむうえで重要な役割を担っている。まさに五感を駆使して、ウイスキーを味わっているのである。

まずそのことを踏まえたうえで、味覚に焦点を絞り、人は一般的に「味」をどのように知覚しているのかを見ていこう。

味覚には「基本味」として位置づけられる「味」があり、現在は「甘み」「苦み」「酸味」「塩味」「旨み」の5つが基本味として確認されている。それらが基本味とされる理由は、明らかにそれぞれが他の基本味とは違っていて、他の基本味を組み合わせてもその味を作り出せないためである。また、それぞれの基本味を呈する物質に対応して、それを受容する味覚受容体がそれぞれ存在している。味覚受容体を持つ数十個の味細胞が味蕾《みらい》と呼ばれる小さな器官に集まっており、人の場合、味蕾は舌の上を中心に約1万個存在する。

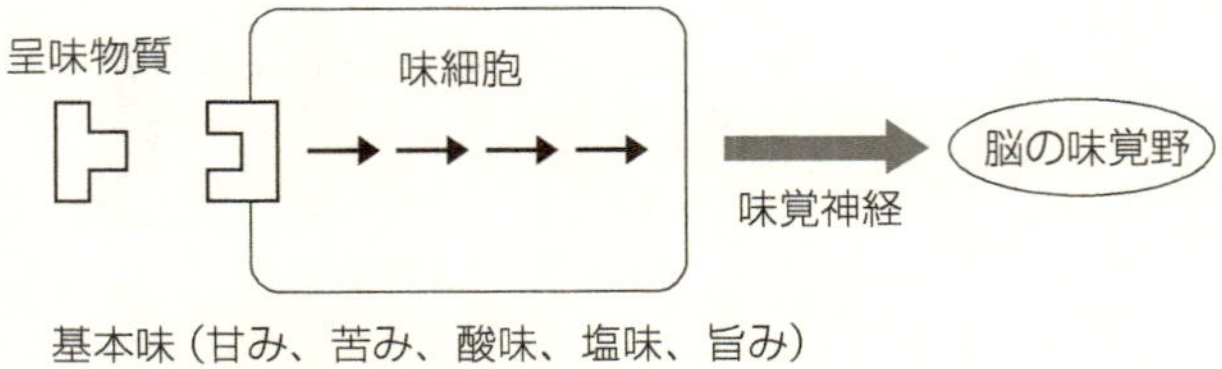

図12-2　味覚が伝達されるしくみ

図12－2に、呈味物質が味細胞に受容されて味覚情報となるまでの伝達経路を簡単に示した。呈味物質が受容され、味覚情報が脳に伝達・処理されるメカニズムに関する研究は、近年、急速に進展している。受容のメカニズムは少しずつ異なるが、呈味物質が受容（「酸味」と「塩味」はイオンチャンネル）されると味細胞内の情報伝達機構が活性化し、味細胞の膜電位が脱分極して味覚神経に向かって伝達物質が放出される。その結果、味蕾を支配している味覚神経が応答して脳に伝える、という基本的なメカニズムはいずれも同じようだ。

これまで、食物の味を呈味物質と受容体の関係をもとに分子レベルで解釈しようとする試みが積極的になされてきている。たとえば肉、海産物、野菜などの味は、それに含まれる個々のアミノ酸の組み合わせと量が大きな意味を持つようだ。また食塩には、味わいを増し、甘みを増強する作用があることが知られているが、これは食塩のナトリウムイオンや塩素イオンが味覚受容体に結合すると構造変化が起こり、受容体がアミノ酸や糖と結合しやすくなるためと考えられている。

「旨み」は、日本がとくに主導的に研究してきた味質だ。日本人は昔から、料理の味つけにダシを用いてきた。その素材となる鰹節、椎茸、昆布などの「旨み」の本体となっているアミノ酸や核酸の存在を、日本の研究者が明らかにした。そして、それらの一つであるグルタミン酸ナトリウムの味覚受容体が見つかったことで、「旨み」は基本味として世界的に認知された。いまでは「Umami」は世界に通用する言葉になっている。

なお、食品評価のうえでは味覚と同様に重要な嗅覚も、同じようなしくみで知覚される。香り物質を鼻腔の奥にある嗅細胞で受容し、嗅神経を介して脳（嗅覚野）に伝えているのだ。

「辛み」とは痛みである

ところで、われわれが日ごろ親しんでいる味のなかには、意外にも基本味に入っていないものがある。それが「辛み」と、「渋み」と、「アルコールの味」だ。不思議に思われるかもしれないが、いずれも、それぞれの味を感じる独自の味覚受容体が明確には見つかっていない。

「辛み」は、舌や口の中にあるバニロイド受容体という構造箇所が刺激されて感じられている。バニロイド受容体とは、痛覚を感じる受容体だ。つまり、人は「辛み」を味ではなく「痛み」として知覚しているのだ（図12－3）。この痛覚への刺激は、打撲などの機械的刺激、熱さ冷たさの刺激、塩酸などの刺激性物質による刺激とともに体性感覚に属し、皮膚・粘膜などの身体の表面に分布している。外部からの侵害を察知する受容器でもあることから「侵害受容器」とも呼ばれて

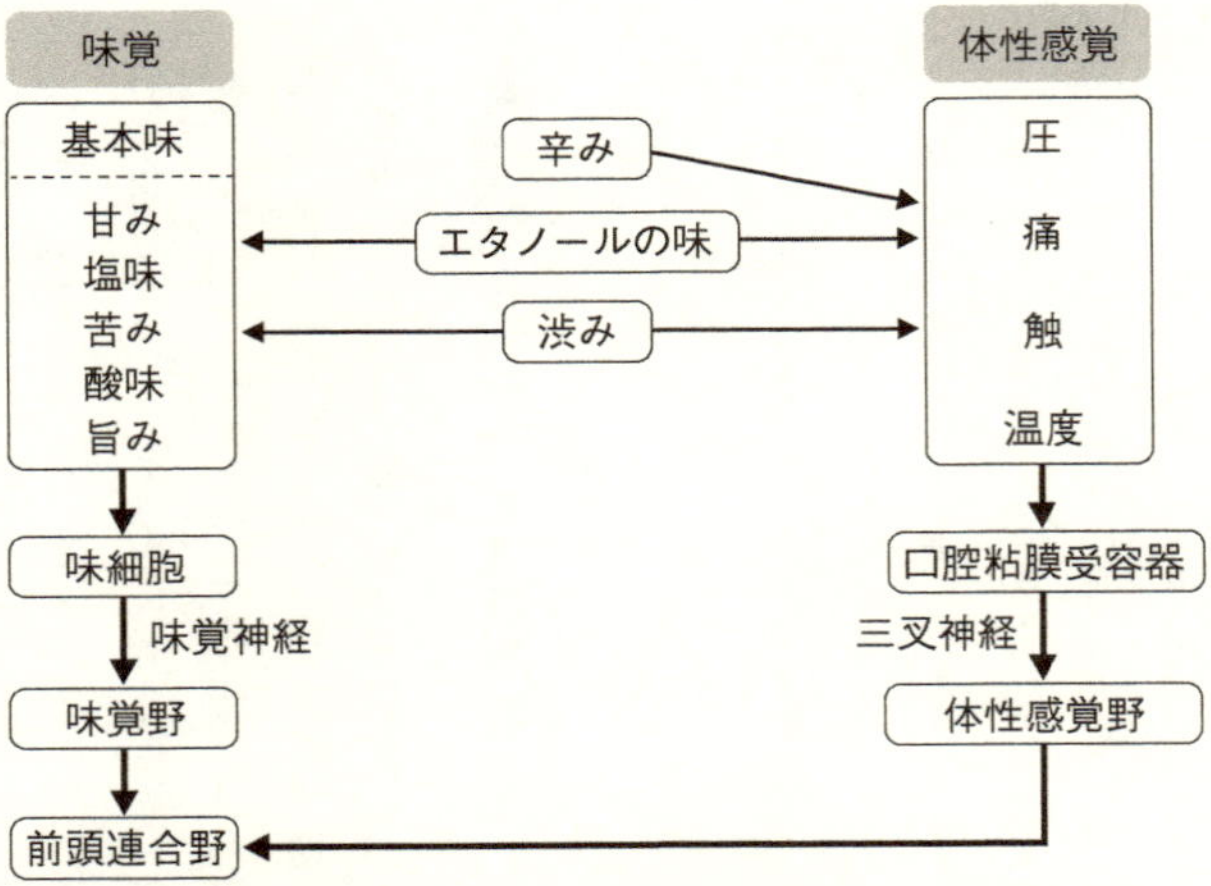

図12-3　基本味と辛み・渋み・アルコール（エタノール）の味

いる。

人も含めた動物の場合、口から肛門までの消化管も「体外」と認識され、侵害受容器が存在している。口の中を覆っている粘膜（口腔粘膜）は、味覚のほかに、痛覚・触覚・圧覚・温度刺激も受容する。これらは食品の熱さ・冷たさ、硬さ・軟らかさを感じ、食品を味わうために非常に大切な知覚系である。辛み物質を口にしたとき、われわれは、おもにその痛覚刺激を感じつつも、ほかの刺激（トウガラシであれば発熱による温度刺激など）をも統合したものを「辛み」として認識していると考えられる。

身体への侵害に対する警報として備えられているとはいえ、適度な辛みは、日常の食生活の幅を広げるうえで欠かせない。辛み物質はタイプの違いから、次の3つに分けられる。1つ目は、ワサビ、カラシ、ダイコンなどの辛みで、清涼感を伴い、舌や鼻へツーンとくる刺激とともに知覚されるタイプ。2つ目は、トウガラシやコショウの辛みで、舌には熱さ、さらには痛さに似た刺激をもたらし血行を促すため、身体を温め、発汗を促すタイプ。なかでもトウガラシの辛み成分であるカプサイシンは、辛みの指標物質として使われているため、カプサイシンを受容するバニロイド受容体はとくに「カプサイシン受容体」とも呼ばれている。そして3つ目は、ショウガやサンショウのように発汗と清涼感をもたらすタイプだ。このほかに、おもに西欧で愛用されてきたスパイスも辛みに属するものが多く、日本ではこれらが「香辛料」と総称されている。一般に「辛み」は年をとるにつれて好まれることから〝大人の味〟などともいわれる。

「渋み」のメカニズム

〝大人の味〟という意味では、「渋み」も同様であろう。渋柿の渋みはとても我慢できないが、適度な渋みはほかの味と混じり合って、特徴的な風味を呈する。とくにお茶やコーヒーでは、渋みがおいしさのもとになっている。これらの主要な渋み物質はお茶の場合はカテキン類、コーヒーではクロロゲン酸で、いずれも植物中のタンニンを構成するポリフェノールである。タンニンは分子量500の低分子のものから2万の高分子のものまであり、構成するポリフェノールの種類は植物種によって異なっている。

第11章でも述べたように、ウイスキーにもオーク材のタンニン由来の没食子酸（ガーリック酸）、タンニン酸、エラグ酸が含まれていて、「ウイスキーポリフェノール」と総称されている。しかし、ウイスキーにはカテキンやクロロゲン酸は含まれていない。植物を原料とする食品の多くにポリフェノール成分が含まれているが、ポリフェノールの種類や含量はそれぞれの食品の原料や作られ方によって、異なってくるのだ。

「渋み」も、渋み物質に対する明らかな味覚受容体がないことから、基本味の仲間入りをしていないのだが、では、渋みはどのようなしくみで知覚されているのだろうか。

渋みの主要成分となるポリフェノールで構成されるタンニンは、タンパク質や金属と反応しやすいことは第11章でふれたとおりだ。ポリフェノールも一般に、タンパク質と結合して凝固させる作用があることが知られている。また、タンニンやポリフェノールは苦みや酸味の味覚受容体を刺激することから、タンニンなどが口の中の粘膜にある上皮細胞のタンパク質に結合した際の口腔粘膜への刺激と味覚刺激が統合されて「渋み」として認識されているものと考えられる。

「渋み」は、「辛み」のカプサイシン受容体を介した刺激ではないが、口腔粘膜への刺激が重要な意味をもっており、それは「触覚」のような感覚なのだろう（図12-3）。

「アルコールの味」受容のしくみ

基本味に入らない味として、もうひとつ挙げられるのがアルコール、つまりエタノールの味だ。量的には酒の主成分となっているエタノールについては、生理作用に関する研究は数多くなされているが、味そのものについての研究は意外なことに、きわめて少ない。しかし、エタノールが舌にもたらす刺激に関しては、興味深い報告もいくつかなされている。

その多くは神経科学（ニューロサイエンス）分野の研究によるもので、それによるとエタノール刺激を与えると味覚の受容体が応答するが、それだけでなく体性感覚受容器であるカプサイシン受容体も応答するという。つまり、エタノールも口腔粘膜を刺激しているのだ。また、エタノールの刺激に応答する味覚受容体は、「甘み」と「苦み」の受容体なのだという。さらに、味覚の応答は基本味の場合は通常、一過性であるのに対し、エタノールの場合は一定時間、応答が継続していた。

エタノールの味に関して興味深いことは、その口腔粘膜への刺激はカプサイシン受容体を介した痛覚刺激である点だ。つまり、エタノールは「辛み」として知覚されていると考えられる。唐辛子成分のカプサイシン以外では生姜、黒コショウ、クローブ（丁子）の成分がカプサイシン受容体を刺激するがカプサイシンほど強くない。面白いことにクローブの成分のオイゲノールはウイスキー中に熟成成分として存在が認められているが、量的には少ない。比較的多量に摂取する飲食品の成分で、カプサイシン受容体を介して知覚されるのはエタノールのみのようだ。

味覚受容体は「甘み」と「苦み」とが応答するということだが、実際にエタノールを味わってみると、酒好きな私の場合、味覚としては「甘み」が感じられる。脳は好ましい味として「甘み」を認識し、嫌な味として「苦み」を認識するらしいから、アルコール飲料を好まない人は「苦み」を感じとるのかもしれない。アルコール飲料の味質を評価する場合、「甘さ」「辛さ」のバランスが問われることからも、「苦み」よりも「甘み」のほうが大きな意味を持つと思われる。

したがって、アルコール飲料におけるエタノールの味は「甘み」を中心とした味覚刺激と、カプサイシン受容体を介した「辛み」の刺激が統合されて認識されていると考えられる（図12-3）。エタノールの口腔粘膜への刺激が受容される具体的なしくみはよくわかっていないが、エタノールにはタンパク質を変性させる性質があることから、エタノールも渋み物質と同じように口腔粘膜の上皮細胞のタンパク質を変性させて刺激しているものと考えられる。しかし、エタノールの味は「渋み」が刺激しない「辛み」のカプサイシン受容体を介して認識されることから、「渋み」とは異なるメカニズムも働いているに違いない。

「飲酒は二十歳を過ぎてから」などというまでもなく、エタノールの味もまた、〝大人の味〟だ。面白いことに、基本味として認知されていない「辛み」「渋み」「アルコールの味」は、いずれも〝大人の味〟であり、口腔粘膜への刺激が重要な意味を持つ味なのだ。

これらの味は、香辛料やお茶、コーヒー、そして酒類に代表される嗜好品にとって非常に大事な味わいである。これらが舌や口中の侵害受容器に与える刺激がバランスのとれた適度なものであれば、その品質に深みや彩りを添えることになる。しかし、一歩間違えると刺激が強すぎて、とても楽しめるような代物ではなくなる危険性もはらんでいる。そもそもは身体への侵害に対する警報として備えられている受容器を刺激するのだから、当然のことだ。

もしかすると「食」を楽しむことの本質は、このあたりにあるのかもしれない。食の遊びの部分、ゆとりの部分、ひいては食文化といわれるものの領域に関わっているのが、侵害受容器である体性感覚受容器の適度な刺激なのだろう。それらは当然、子供にはまだ理解できない〝大人の味〟だ。料理や食品加工の研究とは、じつはこれらの刺激をいかに適度に、かつ面白く、楽しく味わうかを追究するものなのではないだろうか。あるいは、それは基本味であっても同じことかもしれない。効果を計算されて人工的につくられた甘味料よりも、伝統の製法による「餡《あん》こ」の複雑な「甘み」のほうがずっと刺激的であり、魅力的であるように。

アルコールの味質は「粘膜辛さ刺激」がポイント

さて、これまで明らかになったこうした味覚受容のメカニズムを踏まえて、ウイスキーの味質について考えてみる。繰り返すが、ウイスキーのエキス成分であるウイスキーコンジェナーはどれもほろがつくような地味な味ばかりで、とても呈味性があるとは言えない。したがって、ウイスキーの味質にはやはり、「エタノールの味」が大きな意味を持っていると考えられる。「エタノールの味」は「甘さ」を中心とした味覚神経を介した刺激と、「辛さ」の痛覚刺激とを統合して認識される。しかし、味覚神経を介したエタノールの「甘さ」は、ジュースや菓子のような甘みとは比べようもないほど微弱である。しかも一般的に、味覚よりも体性感覚のほうが優位にある。したがってウイスキーの味質を左右する「甘さ」「辛さ」についても、エタノールが口腔粘膜を刺激する「辛さ」の痛覚刺激の程度の違いが、大きな意味を持つと考えられる。食品を味わう場合、味覚と体性感覚の受容器は近しい関係にあり、ふだん両者を明確に区別することもないが、嗜好品であるウイスキーなどのアルコール飲料の味質を議論する際には、感覚を鋭敏にしてそのバランスを議論するところに面白さがある。

エタノールの場合の粘膜刺激とは、口腔粘膜にあるカプサイシン受容体を介した「辛さ」の痛覚刺激を意味するので、以後はエタノールの口腔粘膜への刺激を「粘膜刺激」あるいは「粘膜辛さ刺激」と記すことにする。考えてみれば、ウイスキーの味を表現するときの言葉からも、「粘膜刺激」の重要さはうかがえる。ブレンダーなどの専門家がウイスキーを評価する際には、皮膚感覚にまつわる表現がじつに多いのである。「粘膜刺激」のかたさを表現する言葉としては「とがった」「角がある」「かたい」「ざらざら」「粗削り」「ゴツゴツ」「チクチク」といったものがある。「粘膜刺激」のやわらかさを表現する言葉としては「まろやか」「やわらかい」「まるい」「なめらか」「ビロードのような」「厚みがある」といったものがある。

こうして列挙するといずれも、味覚による「味」というよりは、触感、皮膚感覚、体性感覚を鋭敏に働かせたものであることに気づく。私たちはそれらによってアルコールの「粘膜刺激」の硬軟や強弱を感じとり、それをウイスキーの「味わい」ととらえているのではないだろうか。

当然ながら、エタノールによる「粘膜刺激」は、エタノール濃度が高いほど強い。したがって、清酒・ビール・ワインなどの醸造酒よりも、ウイスキー・焼酎・ウォッカなどの蒸留酒のほうが強い。製品になるとアルコール度数が37~43%と高めになるウイスキーでは、その味質に占めるエタノールの意味あいはとくに大きい。ところが、濃度が同じでも、ウイスキーが異なればエタノールによる「粘膜刺激」、すなわち味質は異なってくるのだ。だからブレンダーたちは神経をとぎすませ、その度合いが適度であるかどうかを評価し、言葉にしている。

こう考えていくと、また次の疑問が湧いてくる。エタノールの分子式はC_2H_5OH、つまり炭素2個の炭化水素（C_2H_6）のうち1個の水素原子（-H）が水酸基（-OH）に代わっただけの、きわめて簡単な構造の化合物だ。それがもたらす「粘膜刺激」の違いがウイスキーの味質を左右するとしても、貯蔵することによって味質が変わり、貯蔵年数が同じでも樽ごとに味質が違い、さらに製品ごとに味質が異なる。なぜエタノールがそんなに多様な表情を示すことが可能なのだろう？ 「粘膜刺激」は何によって決まるのだろうか？ 次章以降はこの疑問について考えたい。

第13章 「多様さ」の謎を追う
水とエタノールの愛憎劇

千差万別の表情

酒の味を性格づける微妙な「甘さ」や「辛さ」は、その量的な主成分であるエタノールの「粘膜刺激」によって決まるところが大きい、と前章で述べた。ウイスキーのように糖分がほとんど含まれず、しかもエタノール濃度が高い蒸留酒では、とくにエタノールが味質に占める比重は高いと考えられる。蒸留酒よりも糖分を多く含む清酒やワインなどの醸造酒でも、微妙な味わいを評価する際には、エタノールによる「粘膜刺激」のわずかな違いを比較しているに違いない。

「白玉の　歯にしみとほる　秋の夜の　酒は静かに　飲むべかりけり」

若山牧水もまた、酒の微妙な「粘膜刺激」を楽しんでいたのだろう。

前章の最後に、ウイスキーの「粘膜刺激」は何によって決まるのかという疑問を呈示した。

「粘膜刺激」の変化としてよく知られているのは、貯蔵当初はとげとげしさを持つ若武者のようなニューポットが、次第にまろやかな味に変わってゆくウイスキーの熟成の現象だ。この変化を求めて、人は何年もウイスキーを樽に入れて貯蔵する。製造期間の大部分は貯蔵に要する時間なのだ。だが、「粘膜刺激」による「辛さ」と「まろやかさ」のバランスは、ウイスキーの種類によってさまざまである。一つの樽の中でも、熟成とともにそのバランスは刻々と変わっていく。熟成年数が同じでも、樽が違えばそのバランスは異なっている。ウイスキーは時間軸でも空間軸でも変化していて、同じ表情のものはなく、まさに千差万別なのである。

そこで、またしても素朴な疑問が湧いてくる。

ウイスキーの味は、なぜ熟成によって「まろやか」になるのだろうか。さらに、ウイスキーはなぜこれほど多くの表情を持つことができるのだろうか。第12章で紹介したように、ブレンダーがウイスキーの味を表現する言葉はじつに多様である。いったいこれほどの多様さが生まれる理由は何だろうか。

これらの疑問の答えを得るためには、まずエタノール溶液の主成分である水とエタノールの性質を知ることから始めなければならない。この章では、水とエタノールが織りなす〝愛憎劇〟について、興味深い研究成果を交えて紹介したいと思う。

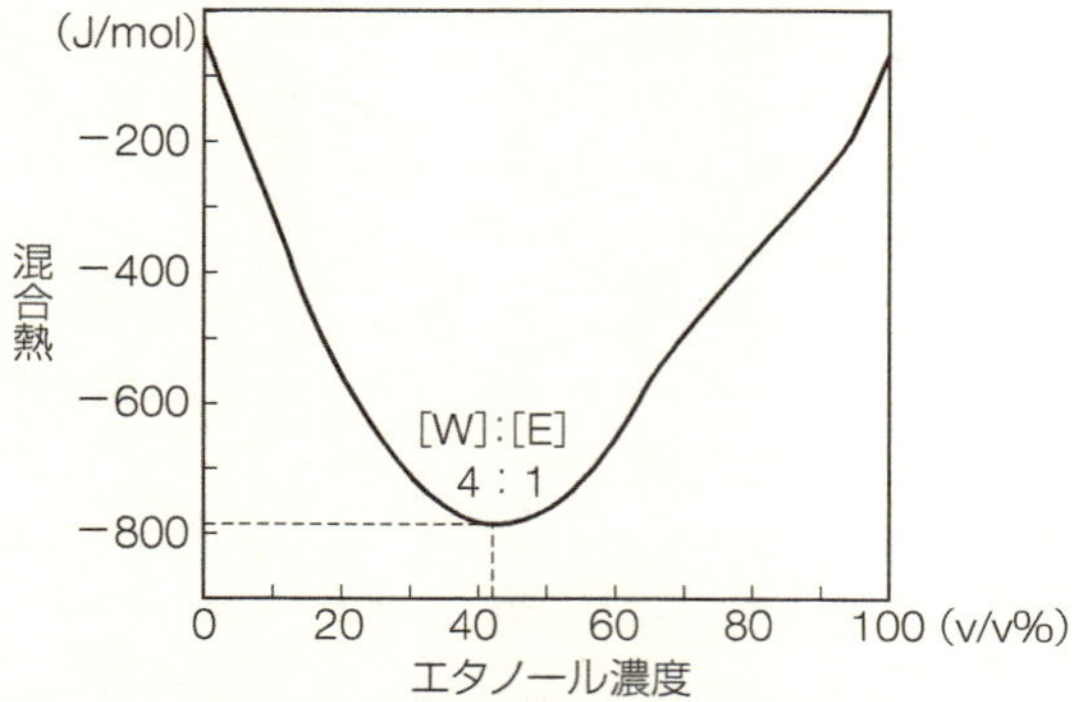

図13-1　エタノールと水の混合熱とエタノール濃度の関係（吸熱は正、発熱は負の値で示す）

水とエタノールの特異な関係

第11章で、エタノール濃度が60%付近のとき、オーク材からの色素や不揮発成分がもっともよく抽出されること、また、純水と純エタノールを混合した際の体積の収縮率は、混合後のエタノール濃度が60%付近で最大になることを紹介した。

このように、特定の性質がある値を中心に最大あるいは最小ピークを示す場合を、グラフに表した形がベルの姿に似ていることから「ベル・シェイプ」と呼ぶ。エタノール溶液の濃度とさまざまな物理的性質との関係は、ベル・シェイプを示す場合が多い。

たとえば、水とエタノールを混ぜると発熱する（混合熱）ことはよく知られているが、種々のエタノール濃度での発熱量を比べると、約40%のときに発熱量がもっとも大きい（図13-1）。また、エタノール溶液

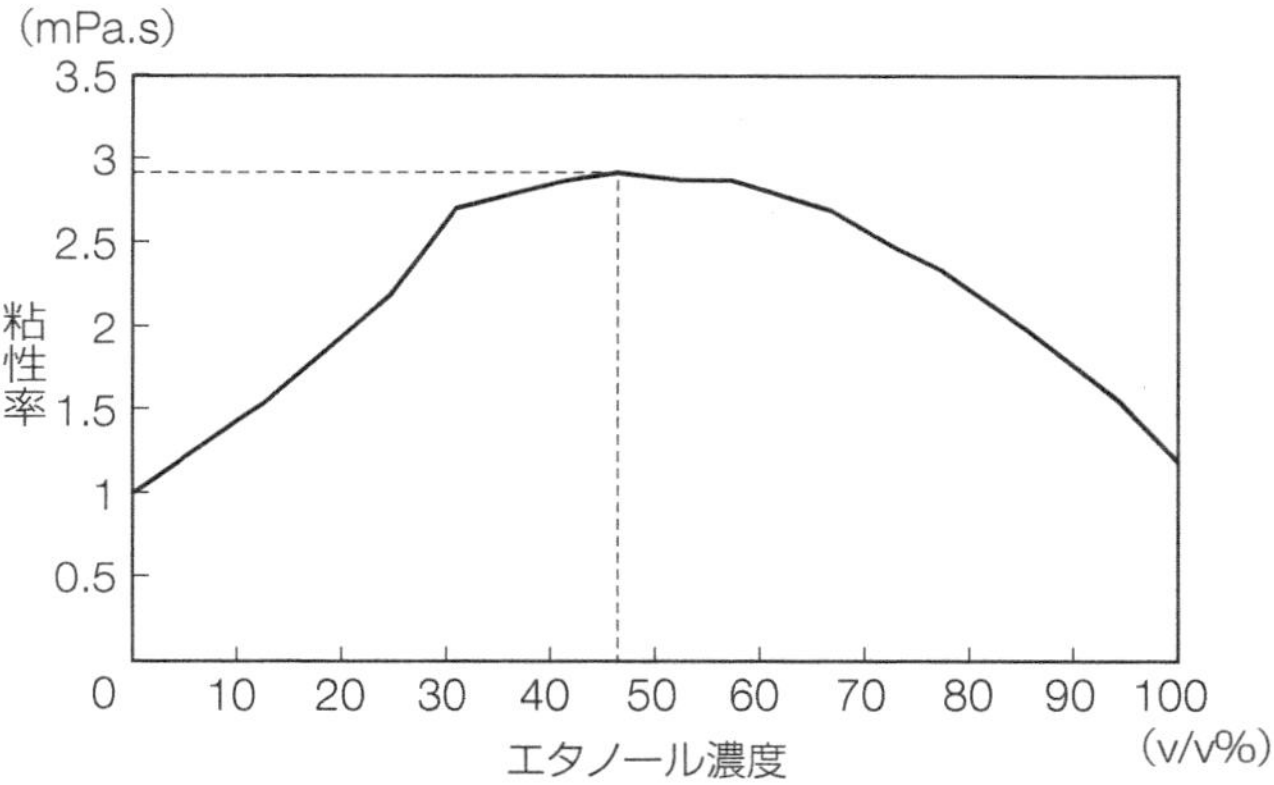

図13-2　エタノール溶液の粘性とエタノール濃度の関係

の粘性は、純水や純エタノールに比べて大きいが、エタノール濃度約45％を中心にして、その粘性がもっとも高くなる（図13－2）。

エタノール濃度が60％付近で、その体積がもっとも収縮するということは、その濃度のときに水分子とエタノール分子がもっともコンパクトに存在するということだろう。ちなみに発熱量については、一般に物質は発熱することによって安定な状態に移行し、吸熱することによって不安定な状態に移行することから、エタノール溶液はエタノール濃度約40％がもっとも安定な状態にあるということだろうか。また粘性については、エタノール濃度約45％を中心にもっとも高いということは、この濃度領域で分子間の相互作用がもっとも強くはたらいているということになるのだろうか。

エタノール溶液のこれらの性質が、酒の「まろやかさ」と「粘膜刺激」に関わっている可能性は十分にある。しかし、エタノール溶液がこれらの性質を示す理由を明らかにするには、溶液中での水とエタノールの存在のしかたについて、分子レベルで解き明かさなければならない。残念ながら、現在の研究はいまだそこまでには至っていない。ただ、エタノール溶液中では水とエタノールが特異な相互作用をしていて、それぞれの量的な割合の違いによってその相互作用がダイナミックに変化するために、さまざまな性質がベル・シェイプを示すのだろうと推測される。

水とエタノールを混合すると、熱を発し、体積が収縮する。また、どんな混合比でも水とエタノールはよく混ざり合い、無色透明の液体のままである。これらのことから、従来、エタノールは水を好む親水性物質の代表のように思われていた。しかし、必ずしもそうではないようなのだ。エタノールは水を好む性質（親水性）と嫌う性質（疎水性）の両方を持っていて、そのことがエタノール溶液中での水とエタノールの相互作用を特異なものにしているようなのだ。

お互いに、ときには惹かれ、ときには避け——この特異な水とエタノールの関係が解き明かされれば、エタノール溶液の示すベル・シェイプのさまざまな性質が説明づけられることになるのだろう。そして、この特異な関係は、ウイスキーの「まろやかさ」や「粘膜刺激」とも強い関わりを持っているはずだ。さらに、この性質は「熟成」においても大きな意味を持っているに違いない。

では、これからその関係を可能なかぎりさぐってみよう。そのためにまず、水という物質の性質について基本的なところから見ていこう。じつは水は普通の液体と比較すると、大変な〝変わりもの〟なのである。

水は〝変わりもの〟

月から見える地球の、青く美しいさまはすばらしい。青く見えるのは本当は酸素のせいらしいが、「水の惑星」の名にふさわしいその姿を見るにつけ、地球という惑星に生命が誕生したことの不思議さと、そのために果たした水の役割の大きさにあらためて感じ入ってしまう。

ご存じのとおり、水は1気圧のもとでは100℃で沸騰し、0℃で凍結する。当然のことのように思えるが、じつはこれほど液体として存在できる温度領域が広い物質は少ないのだ。

液体として存在しやすいのは、それだけ水の分子どうしが引きつけあっている結果であると考えられている。水分子どうしが引きつけあうのは、水分子は電子の分布に偏りがあるためだ。

原子には、電子を引きつけやすいものもあれば、逆に電子をほかの原子に与えやすいものもある。水は電子を引きつけやすい酸素原子と、電子を与えやすい水素原子が結合しているため、電子の分布に偏りが生じる。ここで、真空中に浮かんだ1個の水分子（H_2O：H-O-H）を考えると、それは1個の酸素原子に2個の水素原子が結合した形をしている。ところが、水素原子のまわりを回っていた電子は、電子を引きつけやすい酸素原子のほうへ移動するため、酸素原子のま

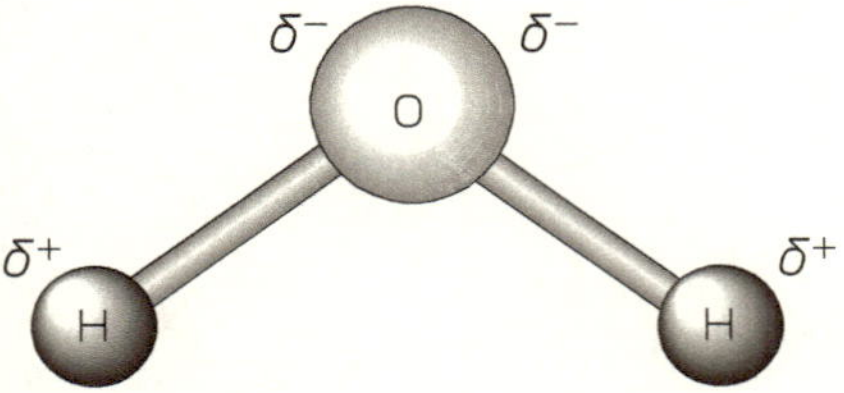

図13-3　水分子のモデル

わりを回っている確率が22～25％増している。水素原子は2個あるから、合計では44～50％となる。したがって、酸素原子のまわりにはおよそ2分の1の電子が余分に存在することになり、電荷はそのぶん酸素原子側はマイナスに、水素原子側はプラスに偏ることになる。酸やアルカリのようにイオン化しているわけではないのに電子分布に偏りがある、このような状態を「分極」という（図13－3）。

　この水分子に、もう1個の水分子が近づいてくると、（プラスの電荷を持つ）水素原子は、もう一方の水分子の（マイナスの電荷を持つ）酸素原子と強く引きつけあうことになる。このような引きつけあいを「水素結合」という（図13－4）。水分子どうしが強く引きつけあうのは、この水素結合を基本とするネットワーク構造を形成しているためである。そして、このような分子構造を持つ水は、実際の分子量（約18）よりも大きな化合物のような振る舞いをする。このことが、水がほかの液体に比べて〝変わりもの〟といわれるゆえんなのだ。

　分子動力学の専門家の計算によると、水分子どうしの水素結合が保たれる時間はきわめて短く、2～4ピコ秒（ピコは1兆分の1の単位）のオーダーであるという。だが、切断された水素結合に匹敵する数の水素結合が新たに生成されるので、結果としてネットワーク構造は維持されるのだ。

「安定」を支える水

水がいかに〝変わりもの〟であるかを、少しくわしく見ていこう。

水の比熱（1グラムの物質の温度を1K〈ケルビン〉上げるのに必要な熱量）は、1カロリーである。これは、通常の液体のなかではもっとも大きい。たとえば、水よりはるかに分子量の大きい石油成分で構成されているガソリンでも、比熱は約0・4カロリーでしかない。

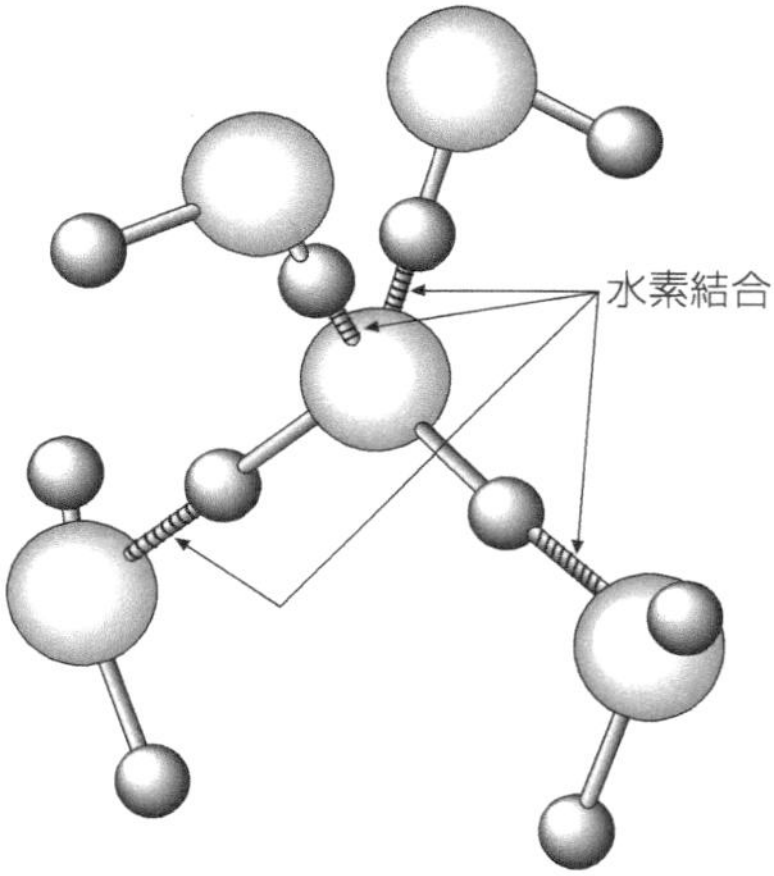

図13-4　水素結合でネットワーク化した水分子（大＝酸素原子、小＝水素原子）

また、液体が気化して気体になったり、凝固して固体になったりすることを相転移といい、その際には熱の出入り（転移熱）がある。水が気化する際に奪う蒸発熱は1グラムあたり約540カロリーで、これも通常の液体のなかでは最大値である。ガソリン1グラムあたりの蒸発熱が70〜80カロリーであることを考えると、いかにとんでもない値かがわかるだろう。一方の、水が氷となる際に奪われる凝固熱は約80カロリーで、やはり液体中で最大の値だ。

これらの値が大きいということは、水が取り巻く環境は、温度変化に対して安定な状態を維持しやすいということである。100グラムの水の温度を1℃上げるには約100カロリーの熱量を与えなければならず、逆に1℃下げるには約100カロリーの熱量を奪わなければならない。また、1グラムの水を気化させようとすると約540カロリーの熱量を与える必要があり、凍らせようとすると約80カロリーの熱量を奪う必要がある。これらのことから水は、液体の状態を保ちながら安定して存在しつづける性質をもっともよくそなえた物質ということができる。

地球は大半を水で覆われ、水の強い影響のもとにある惑星である。その水が、0℃から100℃という幅広い温度領域で液体の状態を維持しているということは、地球環境の安定化に多大な効果をもたらしている。すべての生命活動は、この安定に維持された地球環境のなかで行われ、それが生物の多様化と安定化につながっている。

われわれの身体も、約50〜70%は水で占められている。われわれは日々、生命を維持するためにさまざまな代謝活動を安定に行っているが、そのためには体温がほぼ一定に維持されていなければならない。体温の制御には発汗などの体温調節機構が働いているのはもちろんだが、身体の中に水が多く保持されていなければ、一定の温度が精度よく維持されることはない。

オン・ザ・ロックができるわけ

水の特異性についてもう少し紹介すれば、4℃のときに密度が最大になるのも、そのひとつだ。普通の物質は、液体よりも固体のほうが、規則正しい構造をとり、物質が無駄なく空間を埋めるために、密度が大きくなる。だが、電子に偏りがある水の場合は、そうではないのだ。

1個の水分子には、電子分布の偏りの部分が4ヵ所ある。そのまわりに4個の水分子が配位した構造が、氷の基本構造である。これは正四面体配位構造と呼ばれている。その結晶は六方晶といって、六角形のすきまができるような構造をとるので（図13－5）、必ずしもコンパクトに水分子が詰まっているわけではない。むしろ、たえず水素結合の組み換えをしながらネットワーク化の状態にある4℃の水のほうが、氷よりもコンパクトに水分子が収まるので、結果的には氷よりも密度や比重が大きくなるのだ。

この性質も、地球上での生命の維持に大きな役割を果たしている。私たちは冬場の池や湖の表面に氷が張っている光景を当たり前のように見ているが、考えてみればこれは水の特異性の表れなのだ。もしも水が通常の液体であれば、水温が下がって氷になると密度（比重）が大きくなって、凍った水は沈み、池や湖は底から氷になってゆく。やがてはすべてが氷になって、生物の棲めるところがなくなってしまう。水が〝変わりもの〟だからこそ、池や湖の表面は凍りついても底は水温が4℃に保たれ、生物の生存が可能なのだ。
ところで氷といえば、思い出すのはオン・ザ・ロックである。乾いた氷塊とウイスキーの取りあわせはよく似あう。しっかりした造りのロックグラスに氷塊を入れ、上から芳醇な香りのウイスキーをゆったりと注ぐのはひとつの贅沢といえる。

しかし考えてみると、液体を注いでも氷は浮かず、グラスの底にずっしりと落ち着いたままでいる。つまり、液体が「氷の上にある《オン・ザ・ロック》」。このような光景には、ウイスキーを飲むとき以外ではあまりお目にかかれない（図13－6）。これは、エタノールが水より比重が小さいため、エタノール濃度の高いウイスキーの比重も氷より小さいからだ。ジュースや水であれば、そうはいかない。液体を注いだとたん、氷はぷかぷかと、氷山のように水面を漂いはじめることになる。

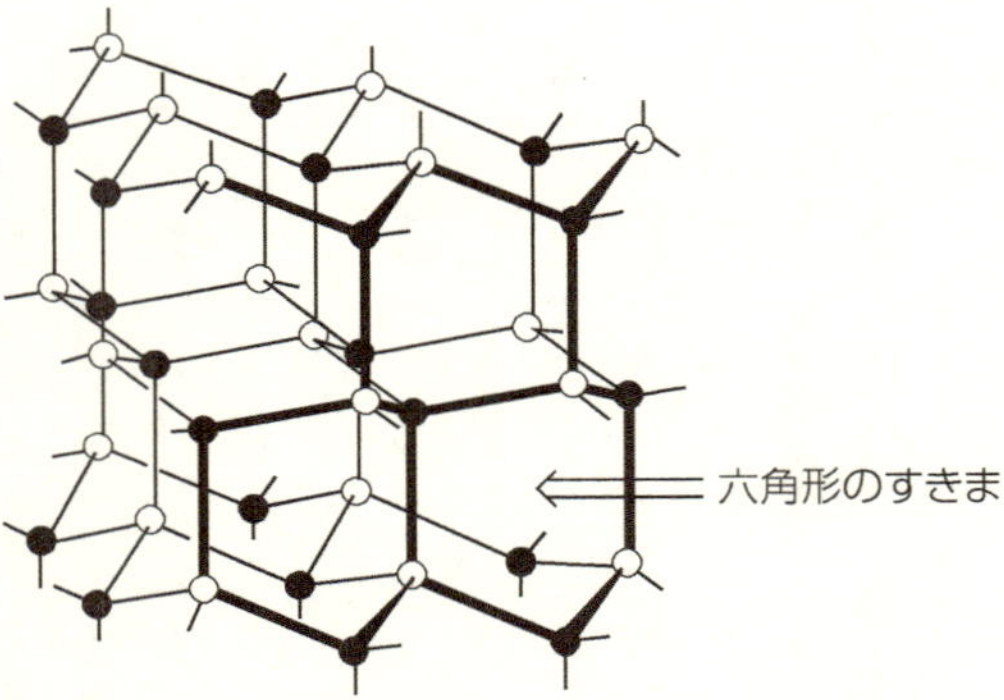

図13-5　氷の結晶の構造

ウイスキーをほぼ同量の水で割った〝ハーフロック〟でも、氷塊は沈んでいる。しかし、たくさんの水で割ってエタノール濃度が薄くなった水割りでは、氷塊が浮いてしまうことになる。氷がぷかぷか浮いている水割りウイスキーを見ると、どうも〝水っぽい〟気がしてしまうのは私だけだろうか。〝アンダー・ザ・ロック〟は、私の好みではない。

〝愛憎相半ば〟する挙動

さて、本題に戻ろう。水の特異性について見たあとは、エタノール分子（C_2H_5OH）について考えてみる。エタノールに限らず、化合物は一般に、安定した原子の塊である原子団から構成されている。原子団は水を基準に、二つのグループに分けられる。一つは水を好む性質を持つ原子団で、親水基と呼ばれている。もう一つは水を苦手とする原子団で、疎水基と呼ばれている。

図13-6 グラスに沈む氷塊

親水基の代表は、酸性やアルカリ性を示す原子団である。酸性を示す原子団は水素イオン（H^+）のようにプラスイオン、アルカリ性を示す原子団は水酸イオン（OH^-）のようにマイナスイオンとなっている。前述したように水分子の酸素原子は水素原子上の電子を引きつけるため、水素原子はプラスに、酸素原子はマイナスに分極している。したがって、水分子はプラス、マイナスいずれにしてもイオン化した原子団に強くひかれることとなる。

また、イオン化していなくても、水と同様に分極している原子団は、水と引きつけ合って水素結合を形成するので親水基である。水酸基（-OH基）も分極するほか、硫黄と水素からなるチオール基（-SH基）なども、隣接する硫黄原子と水素原子では硫黄のほうに電子分布が偏っていて分極するため、親水基である。

逆にいえば、水になじまない疎水基とは、イオン化もしなければ分極もしない原子団ということになる。つまり、水中で電離してイオンになることもないし、電子の引きつけやすさが同程度の原子で構成されているために分極もしないのである。代表的な疎水基は、炭化水素からなる原子団である。水には溶けにくいし、炭素と水素は電子の引きつけやすさが同程度なので、電子の分布に偏りがない。この原子団はアルキル基と呼ばれる。メチル基（CH_3-）やエチル基（C_2H_5-）が、アルキル基の代表的な疎水基だ。

ここまでを理解してエタノール分子（C_2H_5OH）の構造を見てみると、おもしろいことに気づく。エタノールは、親水基である水酸基（-OH）と、疎水基であるエチル基（C_2H_5-）の両方でできた化合物なのだ。水分子は酸素原子を2個の水素原子がはさむかっこうで構成されているが、エタノール分子は水酸基とエチル基が酸素をはさんで構成されているのである。そのために、エタノール分子は水に対して、愛憎相半ばする挙動をとることになる。水酸基は水に近づこうとするが、エチル基は離れようとするのだ。

まだ推測の域を出ないが、エタノール溶液のさまざまな性質がエタノール濃度によって変化してベル・シェイプを示すのは、水とエタノールの量比によって、エタノールの水に対する〝愛憎〟の程度が異なっているためではないかと私は考えている。

完全には混ざり合わない！

先にも述べたように、これまでエタノールはきわめて親水性の、水とよく混ざり合う物質であると考えられていた。混合すれば、一瞬のうちに水分子とエタノール分子とが均一に混ざり合った エタノール溶液になると思われていた。そのとき水分子は、エタノール分子の持つ水酸基と、水素結合を介して新たな結合を形成するものと考えられていた。そして、圧倒的に大量の水と少量のエタノールとを混ぜると、エタノールは1分子ずつバラバラになって、水に均一に溶けた状態で存在するのだろうと考えられていた。

しかし、この従来の考え方でゆくと、均一に溶けたエタノール分子が、酒の中でじつに多彩な表情を持ち、「まろやかさ」と「粘膜刺激」が多様に変化するということはどうも考えにくくなってしまう。

どうもそうではないらしい、という興味深い実験結果が報告されている。いくらエタノール濃度が低く、まわりに水ばかりあるような状態になっても、エタノールは決して1分子ずつバラバラになって水に溶けるわけではないようなのだ。

このことを指摘したのは、当時、愛知県岡崎市にある自然科学研究機構・分子科学研究所の教授であった西信之博士らである。この成果は、１９９８年に権威ある米国の学術雑誌『ジャーナル　オブ　フィジカル　ケミストリー』に掲載された。

一般に、分子はたえず動いている。たとえば水分子では、酸素原子から水素原子に向かって伸びた2本の腕の角度が、たえず広くなったり狭くなったりしている。また、腕の長さも伸びたり縮んだりしている。この運動の激しさの程度は、温度などの環境条件や、共存するほかの成分に影響される。このように分子と分子の間で腕が伸び縮みする運動を、分子間の伸縮振動という。

西博士らは、エタノール溶液中の水分子、エタノール分子それぞれの伸縮振動を、以下の方法で観測した。

物質が単色の光によって照射されると、その散乱光には照射光よりやや低い、あるいはやや高い振動数の光が含まれる。この光のスペクトルをラマンスペクトルという。エタノール溶液に光

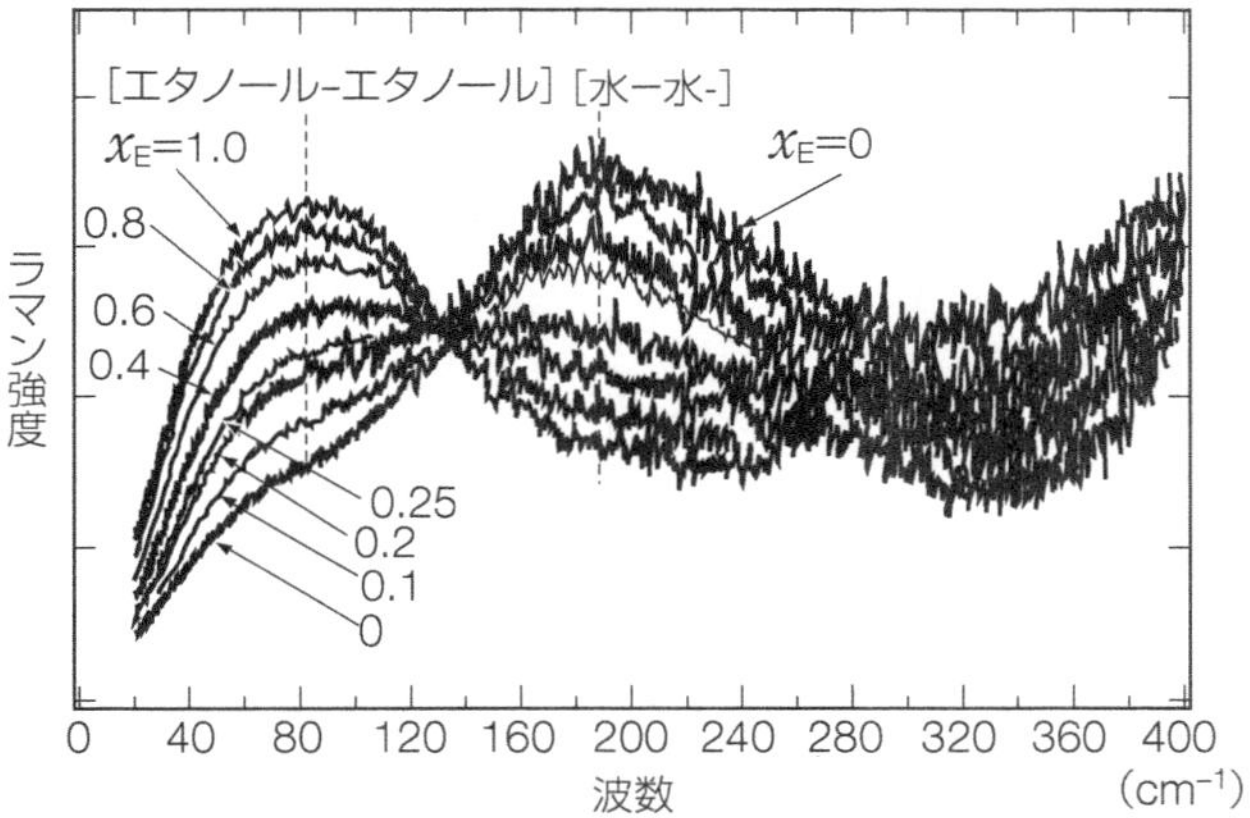

図13-7　エタノール溶液の低振動数ラマンスペクトル。x_Eはエタノールのモル分率。純水のときx_E＝０

を照射し、低振動数のラマンスペクトルを見ることで、水やエタノールなどの水素結合をしている分子間の伸縮振動を観測することができるのだ。

西博士らはエタノール溶液の濃度によって伸縮振動がどう変化するかを見るために、エタノール溶液の濃度を０（純水）、０・１、０・２、０・２５、０・４、０・６、０・８、１・０（純エタノール）と変えて（数字はモル分率）、その低振動数ラマンスペクトルを測定した。それぞれの濃度のスペクトルを重ね合わせたものが、図13－７である。この図から、純水の場合は２００cm^{-1}付近に水分子どうしの伸縮振動が現れ、純エタノールの場合はエタノール分子どうしの伸縮振動が80cm^{-1}付近に現れることがわかる。

この測定結果を見て西博士らは、エタノールを加えるに従って水分子どうしの２００cm^{-1}付近での信号が減少し、エタノール分子どうしの80cm^{-1}付近での信号が増加していることに注目した。また、1組の水分子どうし、および1組のエタノール分子どうしの結合が切れて新たにエタノール分子と水分子の結合ができるなら、2組の結合ができることになるから、160cm^{-1}付近で極大値を示す水-エタノール分子の信号は2倍の強度で現れるはずだが、これが観測されなかったことに注目した。

さらに、もう一つ重要なこととして、130cm^{-1}付近に、すべての濃度のスペクトルが交差する「等強度点」が出現していることに注目した。「等強度点」とは、ある状態からほかの状態への変化（すなわち2状態間の変化）が起こっているときにのみ観測される。

このことから、エタノール溶液においてはどのように濃度を変えても、基本的に水分子どうしの結合状態と、エタノール分子どうしの結合状態の2状態しか存在せず、水分子とエタノール分子とが相互に結合したような状態はないという解釈ができる。とはいえ、水分子とエタノール分子の結合がまったく起きないということは理解しにくいので、水-エタノールの結合体はできたとしても、その寿命は分子間振動の周期よりも短く、その量は水分子どうしの結合体やエタノール分子どうしの結合体の量に比べて、きわめて少ないと考えられる。

見た目には均一で透明なようでも、光の波長の1000分の1という分子の次元でエタノール溶液を解析すると、水とエタノールは決して均一に混合していない。それは水分子どうしが集合した状態と、エタノール分子どうしが集合した状態との混合物なのであり、それらが大きさと形をたえず変化させながら動いている。これが西博士らの得た結論である。

「新説」エタノール溶液の構造モデル

この結果を踏まえて西博士らは、エタノールの持つエチル基の疎水性に注目して、エタノール溶液の興味深い構造モデルを提示している。

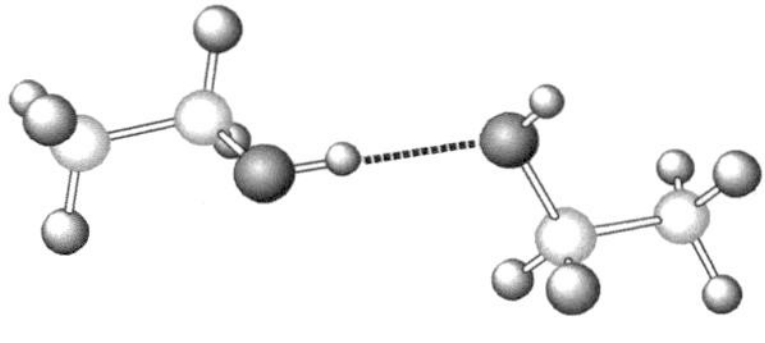

図13-8　エタノール二量体の水素結合
〈N. Nishi, *Bull. Cluster Sci., Tech.*, 2(1), 3-7(1998)より〉

まず、エタノール分子に注目すると、エタノールの二量体が安定しているときは、図13－8のような水素結合を介した構造をとっていると考えられる。エタノール分子がこのような安定構造をとったときに、ラマンスペクトルによる振動数の値は純エタノールの場合とよく一致することが確認されている。

次に、このエタノールに水を加えると、エタノールの疎水基であるエチル基は、その性質から水を避けようとして重なり合う（疎水的相互作用）。このエチル基の重なりによって、エタノールの水酸基どうしは結合が補強され、安定度の高い構造のクラスターを形成すると考えられる（図13－9）。クラスターとは、原子や分子が結合し、周囲

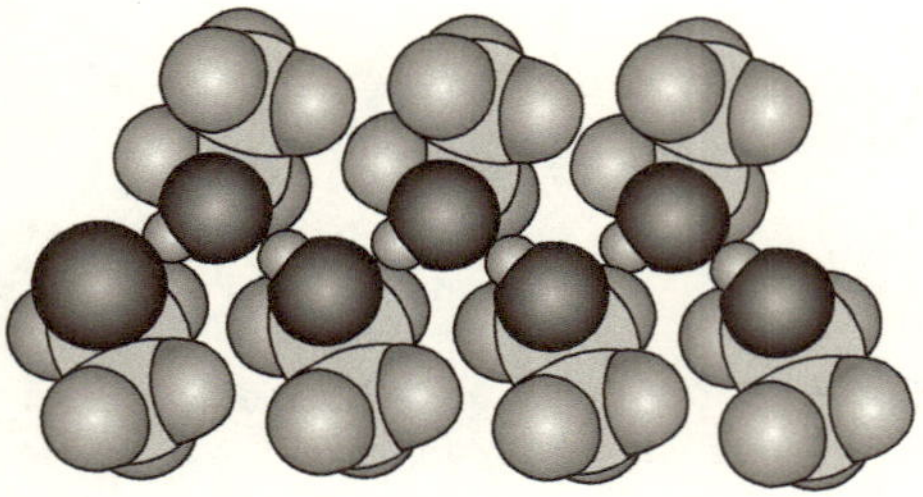

図13-9　エタノールクラスターのモデル
〈N. Nishi, *Bull. Cluster Sci., Tech.*, 2(1), 3-7 (1998)より〉

との界面を持った集合体のことだ。

この安定化したエタノールクラスターと水分子との相互作用について、西博士らが示したのが図13-10であり、これがすなわち、エタノール溶液の構造モデルである。

これによれば、疎水性のエチル基どうしが図の下面（内側）で互いにくっつき、安定化する（疎水的相互作用）。エタノールの酸素原子は、このクラスターの上面（外側）にのみ位置し、エタノール分子どうしは互いに水素結合によって会合して、さらに構造が強化された状態になる。

このとき、水分子はエタノールクラスターの外側を取り囲む形になる。水は疎水性物質に接したとき、それを避けようとして水分子どうしが集まる性質を持っているため、この水の状態を「疎水性水和」と呼ぶ。通常の水も水素結合によるネットワーク構造が維持されていることは前述したが、疎水性水和の水は、通常の水よりもっと相互作用を強め、構造化が進んだ状態にあると考えられている。

これらのことからエタノール溶液は、安定した疎水性水和の水が、エタノールクラスターを閉

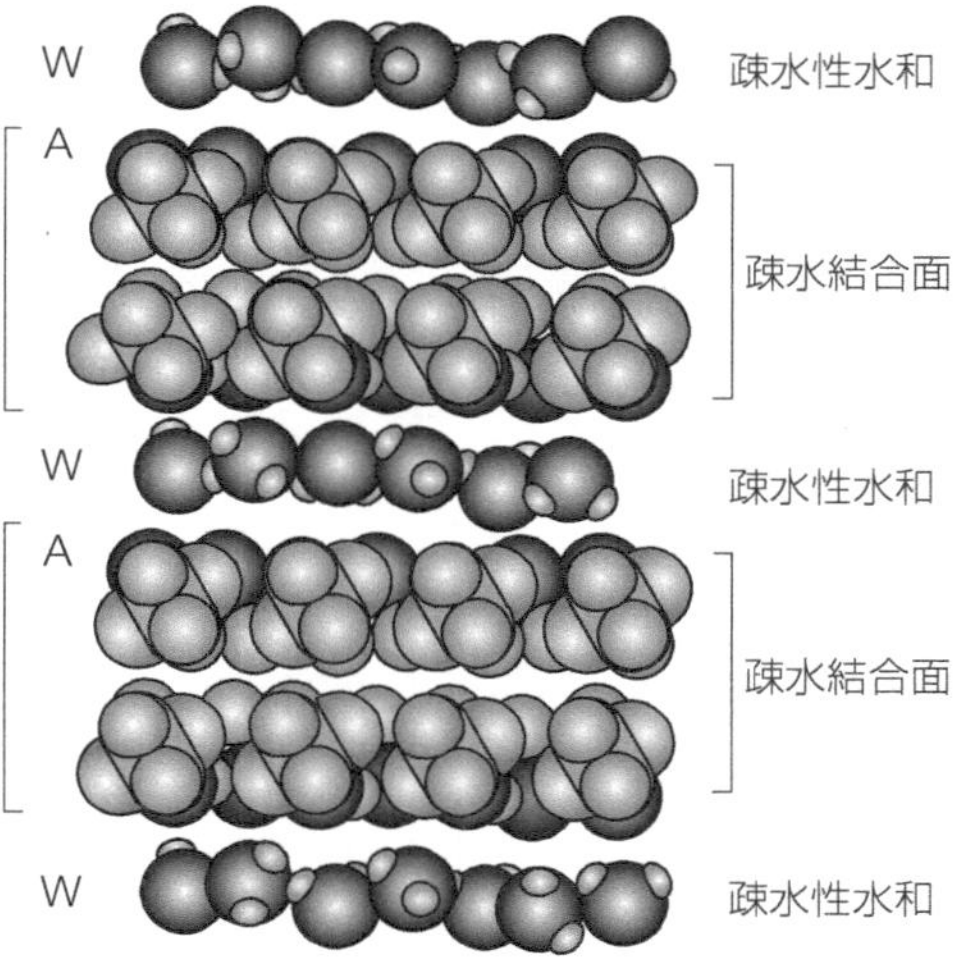

図13-10 エタノール溶液の構造モデル
W：水分子　A：エタノールクラスター

じ込めた状態になっていると考えられる。

なお、図13‐10では水クラスターが最小の1分子の厚さで描いてあるが、水の量比が増せばこの厚さが増し、エタノールクラスターのサイズは小さくなってゆく。さらに、疎水性水和を形成している水の層の外側には、「バルクの水」といわれる通常の水の集団が存在しており、その量も水の量比に応じて増減している。

この構造モデルであれば、エタノール溶液中のエタノールクラスターは、水のクラスターよりも安定なはずだ。実際にそのことは「断熱膨張破裂」という方法で確認された。

これは、エタノール溶液の液滴流を真空中に発生させて、それが内部エネルギーによって粉々に膨張飛散したあとの断片を質量分析するという手法である。その結果、断片として残ったのはおもにエタノールクラスターで、水クラスターはほとんど残らなかった。このことは、エタノールはエチル基どうしの疎水結合と水酸基どうしの水素結合を介してクラスターを形成し、さらにその外側を疎水性水和の水によって覆われているため、水クラスターより安定なのだと考えれば、素直に納得できる。

なお、図13－10に示したエタノール溶液の構造モデルは、固体結晶のようにつねに空間的に決まった構造をとるわけではない。液体の構造は、特定の分子に着目したときにその周囲にどのような分子がいくつ、どれくらいの距離で存在しているかを、時間でならした平均で考えることになる。エタノール溶液でも、個々のエタノール分子や水分子は動きまわっているが、エタノールと水との間に特徴のある相互作用が働くために、平均すればこのような構造をとっている、と考えるのが適当である。

多様さのカギは「粘膜刺激」と「水和シェル」

西博士らがエタノール溶液の構造モデルを考案するにあたって注目した、疎水性水和という現象そのものは、昔から知られていたものである。身近な例としては、近年、新しい資源として脚光を浴びているメタン分子のクラスレートハイドレート（包接水和物）がある。火をつけるとよく燃えるため、「燃える氷＝メタンハイドレート」とも呼ばれているのは読者もご存じだろう。

メタンハイドレートは低温かつ高圧のもとでは安定であり、シベリアなどの永久凍土の中や、水深500メートル以上の海底地層中に大量に存在していることがわかっている。疎水性物質のメタンを、疎水性水和構造をとる水が包接しているために、安定な状態で存在しているのだ。その埋蔵量は世界の天然ガス埋蔵量の数十倍ともいわれている。メタンガスは石炭・石油に比べて地球環境に優しいエネルギーであることから、次世代のエネルギー資源として注目されている。

このメタンのような疎水性物質と水が共存したときに、疎水性水和が形成されることは知られていた。だが、エタノールのように水によく溶ける物質でも、疎水性水和が形成されるという点に、西博士らのエタノール溶液構造モデルの新しさがある。エタノールクラスターの周囲を疎水性水和による水が取り囲むというこの説は、きわめて興味深いものだ。西博士らはこの状態の水を「水和シェル」と称している。シェルとは貝殻や、植物の幹を覆う外皮のことだ。エタノール溶液では、エタノールが安定化するとともに、貝殻や植物の外皮が生物体を囲い込んで守っているように、水和シェルがエタノールクラスターを守っているのだろう。

この構造モデルであれば、水和シェルの厚さや安定性の違いによって、水和シェルに守られているエタノールクラスターの安定性もさまざまに異なってくるはずだ。その結果、ウイスキーの味質を左右するエタノールの「粘膜刺激」に影響を及ぼして、「まろやかさ」と「辛さ」のバランスが多様に変化することは十分に可能となるだろう。

従来は、純水と純エタノールを混ぜると、水素結合によって水とエタノールが新たに会合して、構造化が進むものと考えられていた。これは、エタノールの親水基である水酸基にのみ目を向けた解釈である。しかし、実際には純水や純エタノールの状態でもすでに、水素結合を介して構造化はかなり進んでいるはずだ。そのような純水と純エタノールを混ぜることによって、たしかに水分子とエタノール分子の間で新たな水素結合は形成されるだろうが、一方では水分子どうし、あるいはエタノール分子どうしの水素結合は切断されるわけだから、単純に構造化が進むとはいえないのではないか。以前から私は、この点がどうもすっきりしなかった。

それに比べると、純水と純エタノールを混ぜ合わせることによって、疎水性水和構造を持つ水や、疎水的相互作用により構造が強化されたエタノールクラスターが新たに出現し、トータルとしてさらに構造化が進んだ状態になると考えるほうが、無理がないように思える。エタノールの親水性だけではなく、疎水性にも注目して水との相互作用を考えたとき、初めてあのエタノール溶液の不思議な挙動が説明できるのではないだろうか。

長年、水とエタノールの不思議な現象が気になっていた私は、西博士の話を伺って〝目からうろこ〟の状態になったのだった。

第14章 「まろやか」になる理由
再び現れる意外な「役者」

なぜ熟成が「まろやかさ」を生むのか

人は蒸留酒を手に入れることで、アルコールの味に興味を持つようになった。だが、樽に貯蔵するとおいしくなることを知るのは、それからかなりあとのことだった。西部劇のカウボーイがバーでぐいっとひと飲みにしているショットグラスのウイスキーは、ほとんどが貯蔵されていないニューポットのままのアルコールであろう。米国の禁酒法時代（1920～1933年）のウイスキーもまだ玉石混淆《ぎょくせきこんこう》だった。しっかりと貯蔵管理したウイスキーが手軽に飲めるようになったのは、まさに近代になってからのことなのだ。おいしく飲むためなら製造期間の99％以上を貯蔵に費やしてもいいと人々が納得するまでには、それだけの時間が必要だったのだろう。

では、ウイスキーを樽で貯蔵すると、なぜおいしくなるのか。その理由となると、依然として謎の部分が多いのだが、これまで本書で述べてきたように、少しずつ説明できるようにはなってきた。樽という小宇宙でのドラマも大詰めに近づいてきたところで、熟成のしくみをもう一度、おおまかにまとめておこう。

まず、製麦・仕込み・発酵・蒸留の各工程を経て得られたニューポット由来成分の寄与がある。それらが反応を繰り返し、熟成することで、エステリーな果実の香りなどがウイスキーに与えられる。そのあと、貯蔵工程では樽のオーク材由来の成分がウイスキー原酒に溶け出してくる。難物のリグニンなどが分解されて、長い時間をかけて成分が形づくられてゆき、バニラ香などの華やかな香りをウイスキーにもたらす。それぞれの成分の量は決して多くはないが、どれも熟成香をつくるうえで非常に重要な役割をはたしている。

「香り」をもたらす成分については、およそこのように熟成が進んでいくことを見てきた。では、「味」についてはどうだろうか。

エタノールの味覚刺激による「甘さ」と「粘膜刺激」による「辛さ」の統合がエタノールの味として知覚され、とくに「粘膜刺激」の影響が大きいと考えられること、そしていろいろと不思議なエタノール溶液の性質は、エタノールと水の特異な関係に基づいていることと、新たな構造モデルについてを前章までに見てきた。

しかし、簡単な構造のエタノールがなぜ多様な味わいをウイスキーにもたらすことができるのか、熟成が進むとウイスキーの味がなぜ「まろやか」になるのかという疑問は、まだ残されたま

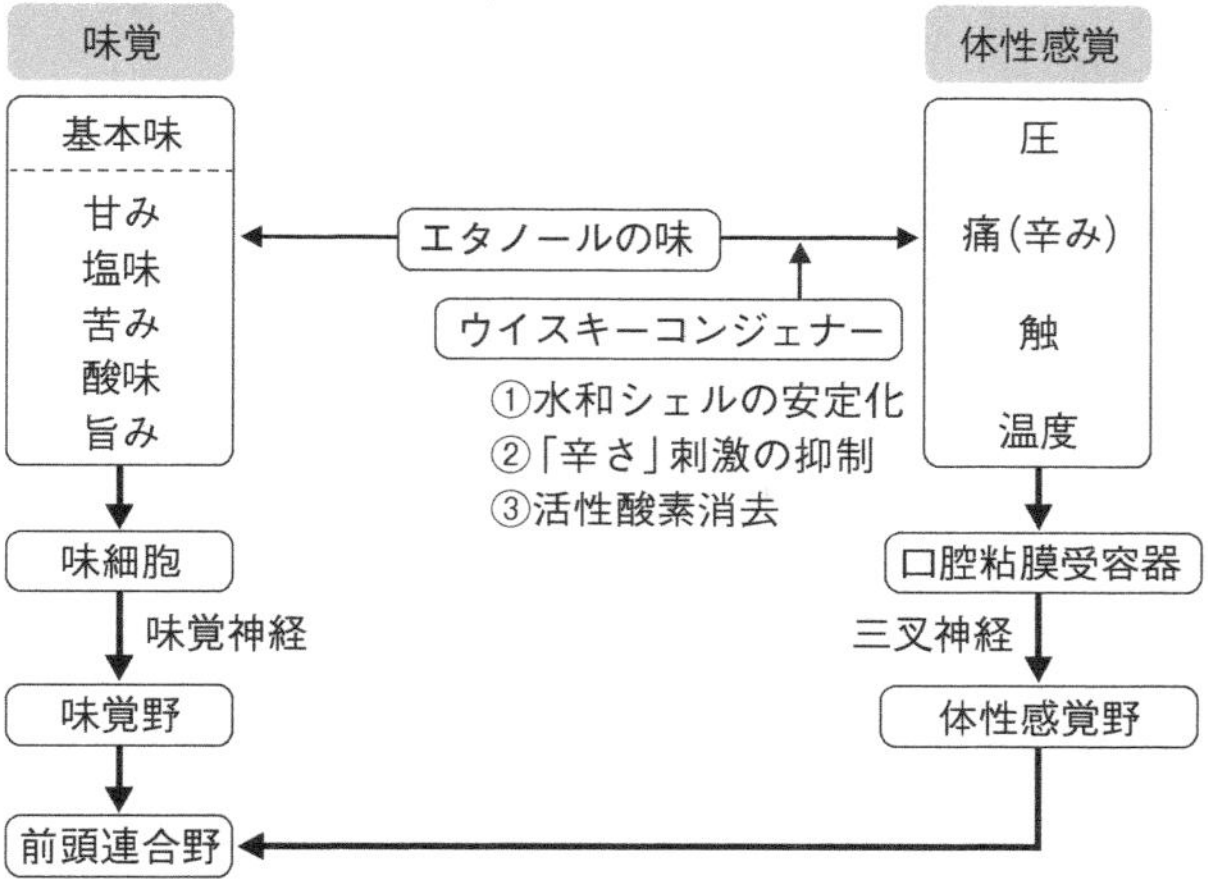

図14-1 「アルコール(エタノール)の味質」へのウイスキーコンジェナーの寄与

まだ。

ここで、再びウイスキーコンジェナーのお出ましを願うことになる。すでに見てきたようにウイスキーコンジェナーはウイスキー中の樽材由来の揮発しにくい高沸点成分であり、ながい年月をかけて熟成変化をしてできあがった成分の集まりだ。熟成感に富んだ厚みのある甘い香りを持っているが、味はいたって地味でぱっとしない。ところが、味のぱっとしないウイスキーコンジェナーはエタノールの「粘膜刺激」に影響を及ぼすことによって、ウイスキーの味わいに寄与していると考えられるのだ。

エタノールによる「粘膜刺激」へのウイスキーコンジェナーの影響について、具体的にまとめると、

①エタノールを囲んでいる水和シェルの安定化へ寄与する
②エタノールの「粘膜刺激」を和らげる
③エタノールの「粘膜刺激」の際に発生する活性酸素を消去する

の3つが考えられる（図14－1）。

ニューポットの荒々しい若武者のような味質は熟成が進むとなぜ、円熟した大人のような「まろやかさ」に変貌するのだろうか。樽という小宇宙を探る旅の最後に、図14－1について順を追いながら、この謎に挑むことにしよう。

「熱」で見る分子のふるまい

ウイスキーの「まろやかさ」は、前章で見たエタノールと水の相互作用によって、西博士らが提唱するエタノール溶液構造、すなわち、水和シェルによってエタノールクラスターが安定化することでもたらされるという推論が成り立つ。ウイスキーコンジェナーはこの安定化に寄与していると考えられるのだ（図14－1の①）。以下に、その理由を述べるが、まず、熟成の前後でエタノールの溶液構造に何らかの変化が起きているのかを知り、変化が起きていればその理由を明らかにすることによって、話を進めてゆくこととする。熟成が「まろやかさ」を生む謎解きの第一歩だ。

熟成したウイスキー原酒にはたくさんの成分が含まれているため、原酒中のエタノールと水の相互作用を観察することは容易ではないが、一つの方法として「熱」という指標を使えば、複雑な系においてもさまざまな変化に対応して発生するため、系の状態変化を総合的にとらえることができる。身体の調子をみるのに、まず体温を測るのはそのよい例だ。

そこで、示差走査熱量計（Differential Scanning Calorimeter、以下ＤＳＣ）を用いて、ウイスキー中のエタノールと水の状態を見ていくことにした。ＤＳＣによる測定のしくみを、エタノール溶液を例にとって説明しよう。

常圧のもとで水を０℃以下にすると、結晶氷になる。この氷は第13章でも見たように六角形の空洞を持つ（六方晶系）、安定な構造の結晶だ。このような安定した結晶構造に移行するために、水が凍結するときは大きなエネルギーが放出され、発熱が観測される（80 cal／g）。これが凝固熱である。

エタノールが凍結するときの温度は、次のとおりだ。ウイスキー製品と同じ濃度40％付近のエタノール水溶液は零下約24℃、ウイスキー原酒と同じ濃度60％付近だと零下約39℃、純エタノールは零下１１４・５℃で凍る。さまざまな濃度のエタノール溶液について、凍結に伴う発熱量をＤＳＣで測定した結果が図14－２である。

これを見ると、純水とは違って、純エタノール（濃度１００％）は凍結するまで温度を下げて

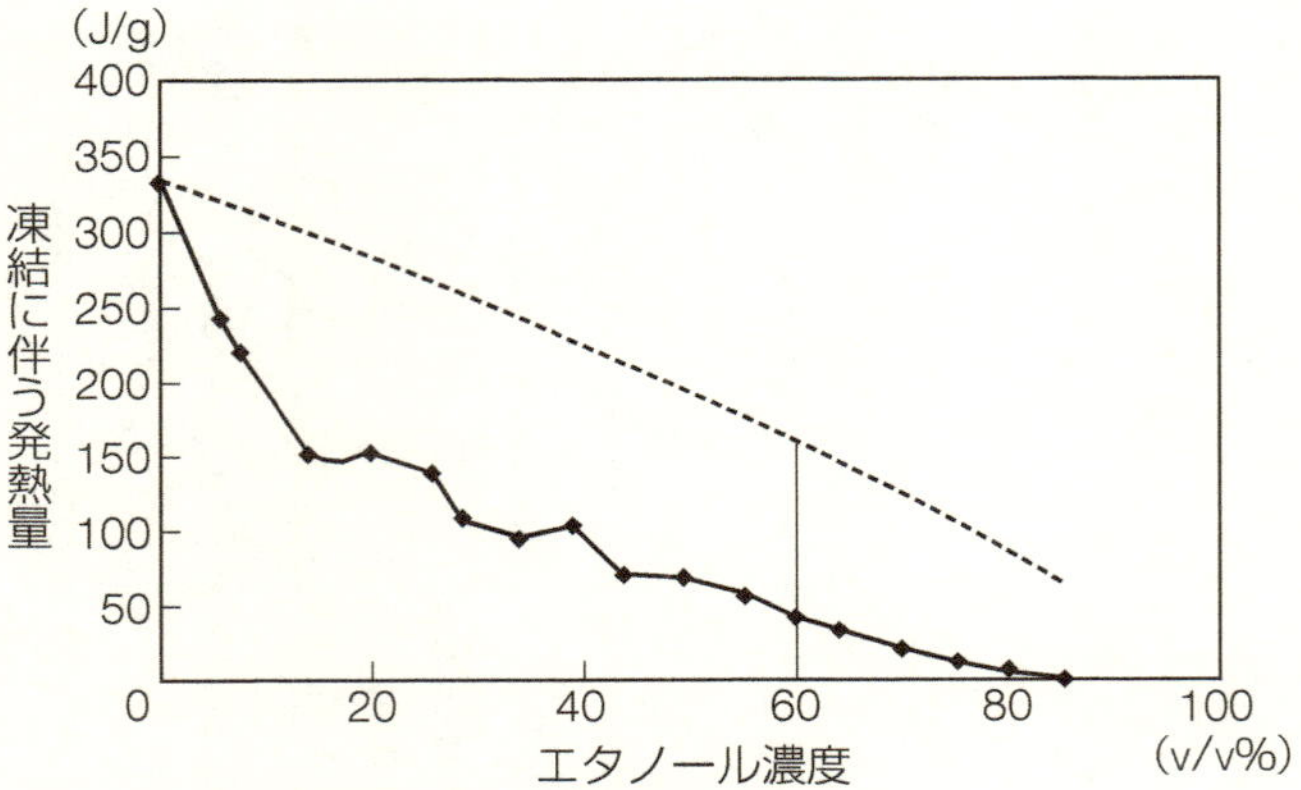

図14-2　エタノール溶液の凍結に伴う発熱量

も発熱ピークが観察されない。エタノールには急速に冷却すると結晶化せず、非晶質のまま固まってしまう性質があるためだ。この状態は「ガラス状態」と呼ばれ、分子は規則正しく配列されず、バラバラに存在している。そしてこの観察結果のように、液体からガラス状態に至る過程では凝固熱のような大きな熱の出入りは伴わない。

ほかのさまざまな濃度のエタノール溶液を凍らせたときは発熱ピークが観察されるが、純エタノールのこうした性質からみて、これはエタノール溶液中の水の凍結に伴う結晶化によるものと考えられる。

ところで図14－2の点線は、エタノール溶液中の水がすべて結晶化した（氷になった）と仮定した場合の、試料1グラムあたりの発熱量と、濃度の関係を示している。これと比較すると、実際に測定された発熱量は相当に小さいことがわかる。これは、エタノール溶液中のかなりの水が、結晶化せずにガラス状態で凍ってしまったためと考えられる。たとえばエタノール濃度60％の場合、実際の発熱量は計算値の約28％となることから、エタノール溶液中の水のうち約28％が結晶化し、残りの約72％はガラス状態であると考えられる。つまりエタノール濃度60％の溶液では、約4分の3の水は結晶化せず、エタノールと同じようにガラス状態で凍ってしまうのだ。

エタノール溶液を凍らせると、このように冷却過程の初期に凍って結晶氷となる水もあれば、結晶化せずにエタノールとともにガラス状態で固まる水もあり、試料中の水の状態は必ずしも均一ではないことがわかる。このことから、DSCによってエタノール溶液の凍る過程（凍結過程）や融ける過程（融解過程）について調べれば、水とエタノールの分子間でどのような相互作用が起きているのか、ある程度の推察ができると考えられる。前章で述べた構造モデルを例にとれば、エタノールクラスターの周辺にあって、水和シェルを構成している水は、結合が強固で構造的に安定しているので、水和シェルの構成に関与していない「バルクの水」（通常の水）に比べれば、凍りにくく融けやすいに違いない。

60％エタノール溶液の融解過程

実際には、凍る過程については残念ながら「過冷却」という現象（温度を凝固点より下げても

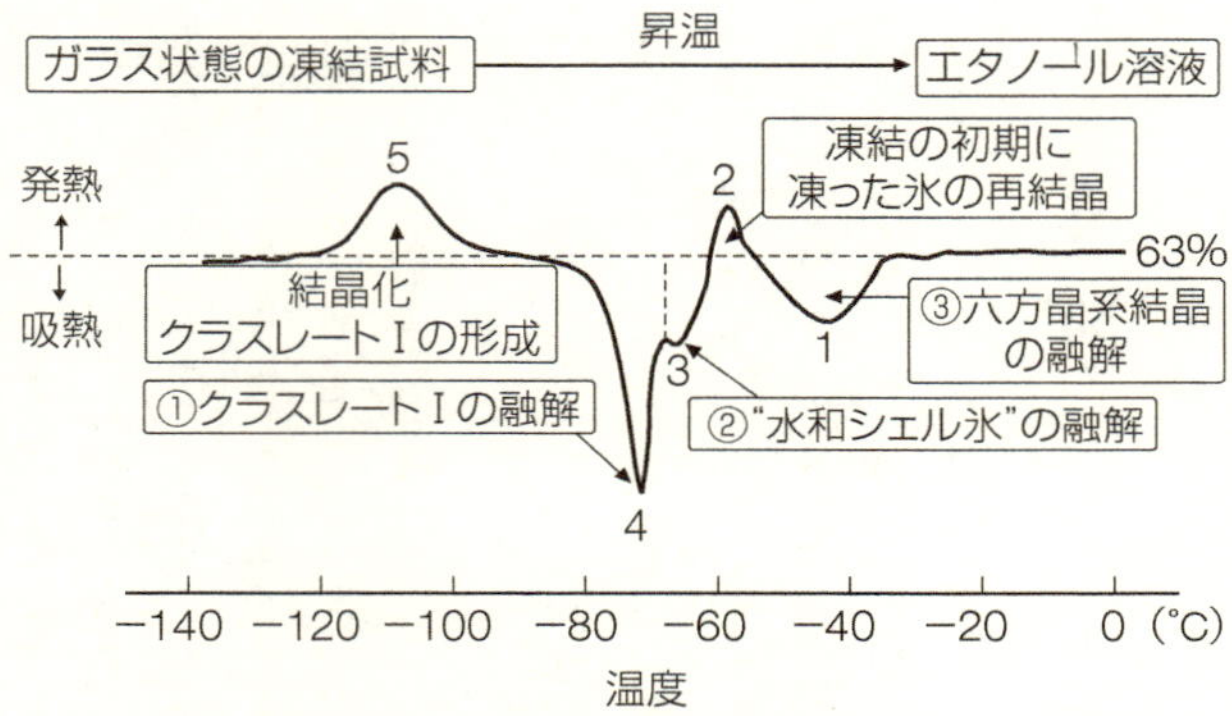

図14-3　凍結60%エタノール溶液の融解過程

すぐには凍結しない）が起きてしまうので、再現性のよい結果を得るのが難しい。しかし、いったん凍らせたあと、融ける過程については、再現性よく測定できる。

では、DSCを用いて、まずは濃度約60％のエタノール溶液をいったん凍らせて、融けてゆく過程を見てみよう。温度上昇に伴って観察される熱の出入り（熱変化曲線、サーモグラムという）は試料の融解の過程を示しており、その結果から、溶液中で水とエタノールがどのような状態で存在しているかという情報を読み取ることができる。さらに、前章で紹介した西博士らによるエタノール溶液の構造モデルと照らし合わせると、いろいろなことが符合して興味深い。以下に私の考えもまじえてデータを解釈してみることにする。

濃度60％のエタノール溶液を急激に凍らせたあと、一定速度で温度を上げてゆくと、2回の発熱を伴う変化と、3回の吸熱を伴う変化を経て融けることを示す曲線が得られた（図14－3）。

急激に凍らせた60％エタノール溶液には、結晶化した氷と、ガラス状態の水、およびエタノールが存在する。この試料の温度を上げてゆくと、まず、零下110℃あたりにピークを持つ発熱ピーク（ピーク5）が出現する。この発熱ピークは、ガラス状態で固まっていた水とエタノールが次第に動きを取り戻し、ガラス状態の水がエタノールを取り込んで「クラスレートI」と呼ばれる結晶構造を形成するためであることが知られている。それまでガラス状態にあって不規則な配列だった水分子が規則正しい結晶構造に変化するために、発熱を伴うのだ。このとき水分子は、エタノール分子を取り込んで包接水和物を形成する。

続いて、零下72～零下74℃付近で吸熱ピーク（ピーク4）が現れる。この吸熱は「クラスレートI」の融解を示している。結晶構造をとっている「クラスレートI」を融かすためには相当のエネルギーが必要なため、吸熱ピークが明瞭に観察される。ここで、ガラス状態だった水とエタノールは融けた状態になる。

一方、西博士らの構造モデルを仮定すれば、「水和シェル」を形成していた水と、凍結過程の初期に発熱を伴って凍った水は、このとき結晶氷となった状態で残っている。どちらも結晶構造をとって凍っているが、水和シェルを形成していた水のほうが安定化しているため、通常の水より低温で結晶氷となり、また、低温で融解するに違いない。零下65～零下70℃で出現する吸熱ピーク（ピーク3）は、それを表しているのだろう。

ピーク3で水和シェルの形成に関与していた水が融けたあとも、凍結初期に凍った氷は融けずに残っている。この氷は零下60℃付近で発熱を伴っていったん再結晶化したあと（ピーク2）、零下47℃から零度の間で融解する（ピーク1）。これはエタノールクラスターと関わりの少ない、水和シェルの外側に存在していたバルクの水に違いない。水和シェルの外側の水は、純水に比べればネットワーク構造がかなり破壊された状態にあるため、一部は結晶氷となり、そのほかはガラス状態で固まったものと思われる。

凍結60％エタノール溶液の融解過程のDSCによる解析は、以上である。ここに示したサーモグラムは、40年近く前に私が報告したものだ。だがその解釈については、西博士らの構造モデルを参考にすることで、ずいぶん明確になった。このことは裏を返せば、構造モデルの正しさをサーモグラムが示唆しているともいえるだろう。

意外なキーパーソン

次はいよいよ、熟成によってウイスキー中の水とエタノールの相互作用がどのように変化するのかを、DSCを使って探っていくことにする。12年間貯蔵して熟成させたウイスキー原酒と、まだ貯蔵されていないニューポットをそれぞれいったん凍らせたあと加熱して、徐々に融けてゆく過程（融解過程）を比較するのである。両者のサーモグラムに違いが現れれば、それが熟成によるなんらかの変化を物語っていることになる。

それぞれを測定した結果が、図14－4のサーモグラムである。上が熟成ウイスキー原酒、下がニューポットだ。これを見ると、熟成ウイスキー原酒では、ニューポットと比較して、水和シェル由来と考えられる氷の融解ピーク（ピーク3）が大きくなり、バルクの水由来と考えられる結晶氷のピーク（ピーク2とピーク1）、およびガラス状態の水とエタノール由来のピーク（ピーク5とピーク4）が小さくなっていることがわかる。

このサーモグラムは、熟成によって、ウイスキーの中では水和シェルを形成する水の量が増していることを示しているのではないだろうか。それはすなわち、エタノールクラスターの安定化につながり、「まろやかさ」を生むことになる。つまり熟成によって「粘膜刺激」が「まろやかさ」に変わるのは、水和シェルを形成する水が増すためだったと考えられるのだ。

では、なぜウイスキーが熟成すると、水和シェル形成に関与する水が増すのだろうか。そこには、何らかの成分のはたらきがあるのだろうか。

これについて検討するため、試みにウイスキー原酒を蒸留し、得られた蒸留液をDSCで測定してみた。すると、水和シェル形成にあずかる水はもとの原酒より少なくなって、ニューポットと同じ結果を示したのである。

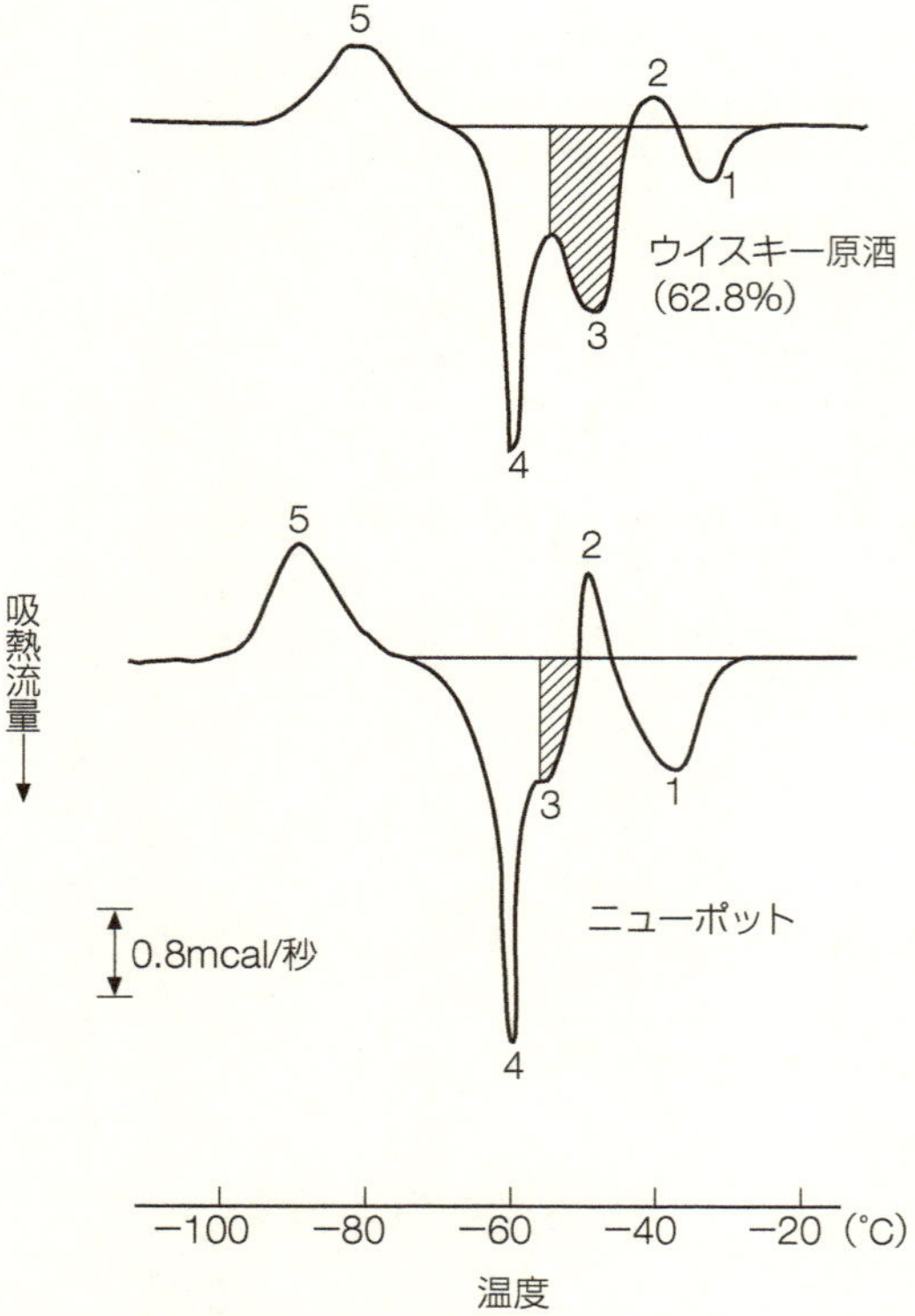

図14-4　凍結した熟成ウイスキー原酒（上）とニューポット（下）の融解過程

これは蒸留によって、水和シェルを形成する水を増すはたらきをする何らかの成分が、ウイスキー原酒から失われたためと考えられる。蒸留によって失われるものといえば、揮発しにくい高沸点成分、すなわち長い貯蔵中に樽から溶け出して形づくられる、樽由来成分のウイスキーコンジェナーである。

念のため、次に蒸留液にウイスキーコンジェナーを加えてDSCで測定してみた。するとはたして、もとのウイスキー原酒と同じように、水和シェルを形成する水は増していた。

さらに、ニューポットにウイスキーコンジェナーをさまざまな濃度で添加して測定した。そのサーモグラムが図14－5である。ウイスキーコンジェナーの添加量が増すにしたがい、水和シェルを形成していると考えられる水の融解ピーク（ピーク3）が大きくなり、通常の結晶氷をつくるバルクの水由来のピーク（ピーク2と1）、およびガラス状態の水とエタノール由来のピーク（ピーク5と4）が小さくなってゆくのがわかる。とくにウイスキーコンジェナーの含量が10000ppmになると、ピーク3のみになってしまっている。

以上から、樽由来の不揮発成分であるウイスキーコンジェナーが水和シェルの水をふやし、その形成に寄与していると考えてもよいだろう。こうしてまたしても、ウイスキーコンジェナーが舞台に登場してきたわけである。

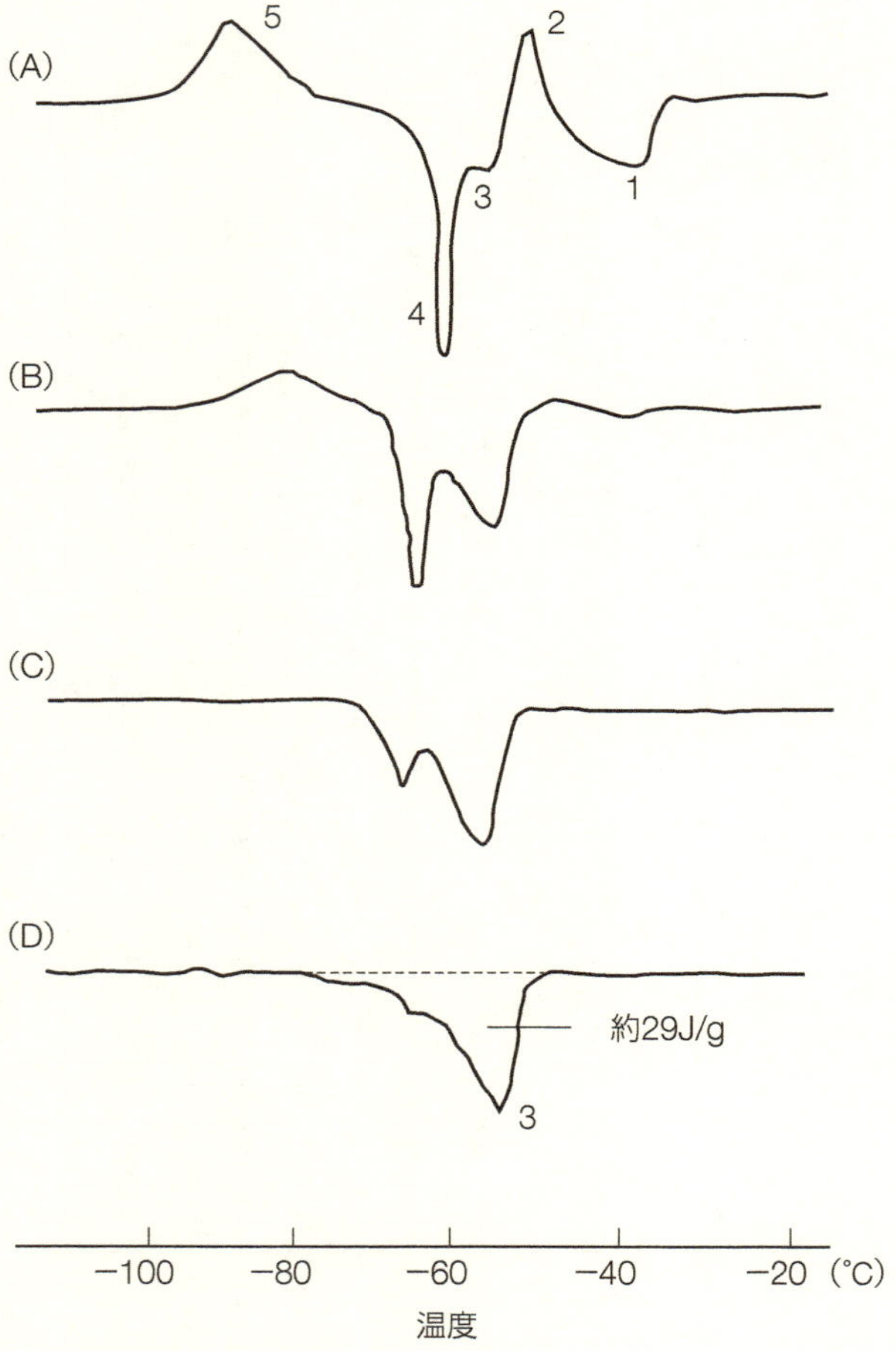

図14-5　ウイスキーコンジェナーがニューポット融解サーモグラムに及ぼす影響
(A) 0ppm，(B) 3,000ppm，(C) 7,000ppm，(D) 10,000ppm
(不揮発成分量として)

バニリンやポリフェノール酸の活躍

　では、水和シェルの水をふやすには、ウイスキーコンジェナーのうちどのような成分の寄与が大きいのだろうか。これを調べたところ、オーク材のリグニンやタンニン由来の化合物を多く含む画分をニューポットに添加すると、とくに水和シェル形成に関与する水がふえることが示された。第11章で述べたように、リグニンは細胞壁をつくり、タンニンは細胞を防御する高分子成分だが、長い貯蔵の間に分解され、その分解物どうしが反応生成物を形づくっている。リグニンが完全に分解されれば、その基本骨格のフェニルプロパン構造を持つバニリンなどが、またタンニンが分解されれば没食子酸、タンニン酸、エラグ酸といったポリフェノール酸が生成される。

　これらリグニンやタンニン由来の成分は、疎水性の芳香族環（ベンゼン環）に、親水性の水酸基やアルデヒド基、カルボキシル基が結合している化合物が多い。水への愛憎相半ばする60％エタノール濃度のウイスキー原酒に溶け込む成分は、やはり水に対して愛憎相半ばする性質を持っているのだ。

　親水性と疎水性の性質をあわせもつ化合物を「両親媒性物質」と呼ぶことは前に述べた。その極端な例には石鹸がある。汚れの主要成分である油分を水によくなじませることによって洗い落とす、いわば「水と油」の仲介者だ。だが、エタノールは油分ほど極端な疎水性ではない。疎水性と親水性をあわせ持った化合物であり、その性質に基づいて水溶液の中で集まって存在するエタノール分子の塊の周囲を、水和シェルが取り囲んだ状態で漂っている。両親媒性の成分を多く含むウイスキーコンジェナーは、水和シェルの量を増やして溶液中でのエタノールの存在を安定化させているのだろう。

しかし、これらの樽由来成分が、水和シェルを形成する水を具体的にどのようにふやし、溶液構造の安定化に寄与しているかについては、依然として謎である。ただいえることは、これらの成分は60％エタノール溶液の疎水性／親水性バランスに呼応して選択的に溶け込み、そのバランスの中で長期間かけて形づくられてきたものだということだ。ならば逆に、それらの成分が、このバランスを安定化させる方向にはたらくと考えても無理はないのではないか。だから、エタノール溶液構造の基本をなすエタノール分子自身の疎水性／親水性バランスの安定化にも寄与するのではないだろうか。

エタノールは通常であれば、その疎水性と親水性のバランスなど考慮されることのない化合物だ。しかし酒の味にかかわる「官能」という非常に繊細さを求められる領域では、エタノールが親水性とともに疎水性をあわせ持っていることが大きな意味を持ってくる。嗜好品研究の贅沢な面白さが、そこにある。

ところで、通常、ウイスキー原酒は加水されて、エタノール濃度40％近くで製品となる。この加水操作をブレンディングという。そこで私は以前、加水して40％近くに調整した熟成ウイスキーとニューポットとで、それぞれいったん凍らせたあとの融ける過程を比較してみたことがある。結果は、60％の原酒のときと同様、熟成ウイスキーのほうがニューポットよりも水和シェル形成に関与する水が多かった。加水したあとも、熟成によって得られた「まろやかさ」はそのまま維持されているわけだ。そのことを確認したときは、なんだかほっとした気分になったのを思い出す。

「粘膜刺激」とハイボールの味

ウイスキーコンジェナーは、水和シェルの安定化に寄与しているだけではなく、エタノールの「粘膜辛さ刺激」を和らげて、「甘さ」と「辛さ」のバランスにも影響を及ぼしていると考えられる（図14－1の②）。エタノールは口腔粘膜にあるカプサイシン受容体を介して痛覚刺激として作用する。これはトウガラシの辛味成分のカプサイシンと同じだ。エタノールやカプサイシン以外の食品成分が「粘膜刺激」をするとしてもバニロイド受容体を介さないので、刺激の様子がエタノールと異なる。そこで、ここではエタノールの「粘膜刺激」を他の成分の「粘膜刺激」と区別して、とくに「粘膜辛さ刺激」と呼ぶことにしたい。

近年、ウイスキーハイボールが大変な人気を博しているが、ウイスキーを炭酸水で割ったハイボールは、水で割った「水割り」と味質が違うことを実感している人は少なくないだろう。実際、同じ比率で割って確かめてみると、その違いは思った以上に大きい。厳密には、炭酸ガスを抜いた炭酸水の水で比べるべきなので、実際にやってみても（炭酸ガスを完全に抜くのは結構難しい）、相当の違いが感じられる。もちろん味の感じ方は各人各様だが、一般的にはハイボールのほうを甘く感じる人が多いようだ。

最近の研究で、炭酸水にはわずかに酸味があることが明らかになったが、何と言っても口に含んだ際には、炭酸ガスの「粘膜刺激」による「刺激味」の影響が大きい。炭酸ガスのはじけることによる体性感覚受容器へのこの刺激も、三叉神経を介して知覚されるものではあるが、エタノールのようなカプサイシン受容体を介した「粘膜辛さ刺激」とは違う。カプサイシン受容体は高い温度を感じる受容体でもあるのに対し、炭酸ガスを感じる受容体も温度を感じる受容体ではあるが、その応答はそれほど明確でないようだ。面白いことに、シナモン（桂皮）は甘い香りと独特の渋みとわずかな辛みを感じるが、これも炭酸ガスと同じ受容体を刺激する。炭酸ガスによる「粘膜刺激」は、はじけるような感覚はあるにせよ、痛みや灼熱感を感じるほどではない。

口の中の体性感覚受容器は舌の上の味蕾近くをはじめ、口腔粘膜に広く分布しており、ニューロサイエンスの手法によって体性感覚刺激と味覚刺激の相互作用について多くの研究がある。たとえば辛み物質のカプサイシンは、三叉神経を刺激するが味覚神経はほとんど刺激しないにもかかわらず、高濃度投与すると塩味に対する感受性を低下させるということなどが明らかにされてきている。一般に、体性感覚への刺激は味覚の感受性に影響を及ぼす場合が多く、味覚に対して体性感覚が優位にあると考えられている。

一方、体性感覚では比較的弱い刺激（触覚など）と比較的強い刺激（痛覚など）を同時に受容すると、強い刺激は抑制に働く作用があることが昔から指摘されている。「ゲートコントロール理論」といわれるものだ。もともと体性感覚受容器は身体が侵害された場合、「痛み」などでその状況を知らせる警報発信器であるから、個体生命維持のうえで必要な情報であり、慣れが起こりにくいといわれている。しかし、いつまでも痛くてはたまらないので、生物はその痛みを和らげるメカニズムも持っている。お腹が痛いときに、手で患部をさすると痛みが和らぐのはその例の一つであるといわれている。「ゲートコントロール理論」は１９６５年に提唱されて以来、生体内における痛覚の制御機構などについての研究が行われている。また、麻酔・鍼治療・マッサージなどの分野では、皮膚への刺激を介して痛みを緩和する手法が積極的に取り入れられているようだ。

私は、口腔内でも同じようなことが起きているのではないかと考えている。炭酸ガスの口腔内での「粘膜刺激」と、エタノールの「粘膜辛さ刺激」が同時に受容された場合、「粘膜辛さ刺激」は抑制に働き、その結果、エタノールの「甘さ」／「辛さ」バランスに影響を及ぼして、ハイボールの味質を変えているのではないだろうか。ウイスキーハイボールを飲みながら、こんなことを考えているといつの間にか杯が進んでしまうのだ。

「粘膜刺激」とウイスキーコンジェナー

ウイスキー成分にも「粘膜刺激」の作用を持つものが知られている。ウイスキーコンジェナーに含まれるウイスキーポリフェノールだ。ポリフェノールは上皮細胞のタンパク質に結合することによって「粘膜刺激」をすることは前に述べた通りだ。適度な刺激は心地よく、お茶のカテキンのように「渋み」の味わいを楽しませてくれる。しかし、侵害受容器の刺激だから、楽しみの領域を逸脱すると大変なことになる。渋柿の渋さはその例だろう。ウイスキーのポリフェノールはエラグ酸・タンニン酸・没食子酸などで、「渋み」を感じるほどの刺激の強さではない。ウイスキーコンジェナーでもほろ渋さを感じさせてくれる程度だが、上皮タンパク質に結合して「粘膜刺激」の作用があることには変わりはない。また、ウイスキー中に相当量溶け込んでいる高分子のポリフェノールは「粘膜刺激」の作用はあっても、「渋み」の程度はあまり強くないのではないだろうか。タンニンやポリフェノールの「粘膜刺激」を受容する箇所は、エタノールの「粘膜辛さ刺激」や炭酸ガスの「粘膜刺激」を受容する箇所とは異なっていて、別のメカニズムで受容されていると考えられる。

ウイスキーの場合、没食子酸、タンニン酸、エラグ酸の3成分で全ポリフェノール量の約30％を占めるが、ガロイル基を持つ没食子酸とタンニン酸はとくに「粘膜刺激」が強いという（図14－6）。ウイスキーポリフェノールも炭酸ガスの場合と同じように、ウイスキーポリフェノールによる「粘膜刺激」とエタノールによる「粘膜辛さ刺激」とが同時に受容された場合、「粘膜辛さ刺激」は抑制に働くに違いない。その結果、エタノールの「甘さ」／「辛さ」バランスに影響を及ぼして、ウイスキーの味質を変えているのだろう。

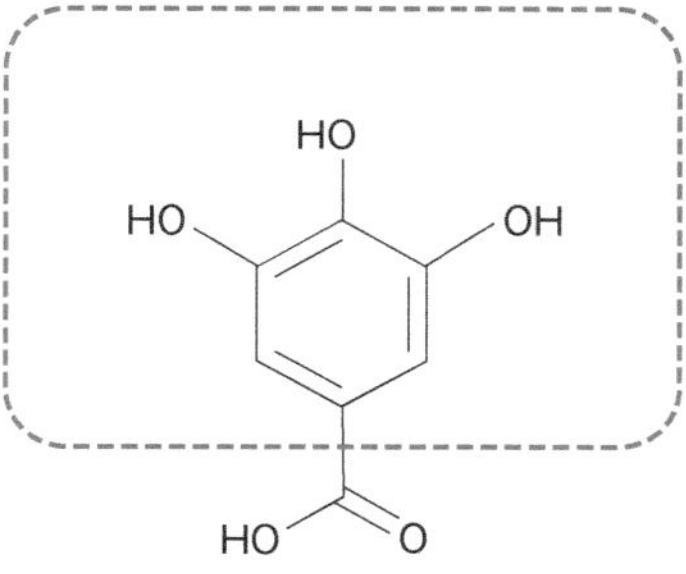

図14-6　没食子酸とガロイル基

経験豊かなバーテンダーなどに「ハイボール向きのウイスキーは？」と尋ねると、「黄金色のライトなタイプのシングルモルト」という答えが返ってくる場合が多い。シェリーバットでじっくり貯蔵したウイスキーは赤みがかった琥珀色で、ポリフェノールなどの樽由来不揮発成分の含量も多く、ハイボール向きではなさそうだ。ポリフェノール類を多く含むウイスキーをハイボールにして味わうと、エタノールの「粘膜辛さ刺激」が和らぎすぎて、物足りなくなるためではないだろうか。実際、私の場合、シェリーバットで永年貯蔵したウイスキーをハイボールにすると甘すぎる感じがする。

最近はアイラのピートが強くきいたシングルモルトのハイボールが美味しいという声を聞く。嗜好は各人各様だから、もちろん、異論のある向きもおられると思うが、いずれにしてもウイスキーコンジェナーは「粘膜刺激」を介して、エタノールの「粘膜辛さ刺激」を和らげていると考えられる。

ここでポリフェノールと一括りで言っているが、「粘膜刺激」の強さや質は量だけでなく、ポリフェノール組成によっても違ってくるはずだ。没食子酸のガロイル基を介して縮合するオリゴマーのポリフェノールは現在でも200種以上あるという。ウイスキーの場合も、ウイスキーポリフェノールと言われる3成分が占める割合はポリフェノール全体の約30%に過ぎない。分子量1万以上の画分にも、相当量のさまざまなポリフェノールが存在している。それらに応じてエタノールの「粘膜辛さ刺激」が微妙に違ってきて、結果的にウイスキーの味質が変わっているとすれば、多様な品質のウイスキーがあっても不思議ではない。

体性感覚は味覚に対して優位にあるということだから、ウイスキーコンジェナーの「粘膜刺激」はエタノールによる「粘膜辛さ刺激」を和らげるだけでなく、エタノールの持つ味覚刺激（とくに「甘さ」）にも影響を及ぼしているとも考えられる。前述の嶋谷幸雄氏は著書『ウイスキーシンフォニー』の中で、ウイスキーの魅力について「神の手に委ねられた樽熟成による多様な香味のハーモニーといえよう」と述べている。エタノールとウイスキーコンジェナーの体性感覚を介した響きあいは、「多様な香味のハーモニー」を形づくるうえで大きな役割を担っているのではないだろうか。

「活性酸素」と口腔内の抗菌活性システム

エタノールの「粘膜辛さ刺激」へのウイスキーコンジェナーの関与についての3番目は、ウイスキーコンジェナーの持つ活性酸素消去能をあげたい（図14－1の③）。

酸素分子にはO_2以外に、「活性酸素」と呼ばれる反応の強いいくつかの分子種がある。酸素が不対電子を取り込むことによって生成するもので、いずれも酸化力が強く、細胞や生体成分を傷つける。一方、活性酸素は外から侵入してくる微生物などと戦って身を守ってもくれていて、生きてゆくのに必要なものでもある。

細胞は毎日10億個の活性酸素を生むと同時に、たえずそれを消去するしくみを持っている。活性酸素を消去する酵素としてはＳＯＤ（スーパーオキシドディスムターゼ）やＰＯＤ（ペルオキシダーゼ）などがよく知られている。活性酸素がなければ、われわれは感染症で死んでしまうし、それを消去できなければ、細胞が損傷を受け、長期間の酸化効果の蓄積で動脈硬化をはじめとするさまざまな生活習慣病やガンなどの発症につながってしまう。

口腔内は栄養物があって適度な温・湿度の環境のため、格好の微生物の居場所であり、同時に多くの抗菌システムが用意されている。その一つが「ペルオキシダーゼ抗菌機構」だ。ヒト唾液の中にはＰＯＤが含まれている。口には多くの細菌が存在していて、活発に活動している細菌は活性酸素（H_2O_2）を盛んに分泌している。すると、唾液ＰＯＤが触媒として働き、活性酸素を消去するとともに、唾液成分を抗菌物質に変換して、細菌の増殖を抑える。こうして、細菌が過剰に活動しないように制御しているのだ。

また、唾液中には白血球が多く存在している。白血球の役割は細菌や異物を取り込んで殺し、消化する貪食作用だが、その際に、活性酸素を発生する。口の粘膜の炎症部位や歯周病などの部位にはとくに白血球が多く集まっている。白血球が分泌した活性酸素も、唾液ＰＯＤなどが消去している。

このように口の中は侵入者と身体との攻防の場であり、活性酸素はその武器としてたえず発生しては消去されているのだ。

ウイスキーポリフェノールによる「活性酸素」の消去

最近の胃に関する知見によると、エタノールを摂取して胃の中のカプサイシン受容体を刺激すると、活性酸素が発生するという。そして、発生した活性酸素が十分に消去されない場合は、胃粘膜を損傷して炎症を起こすという。さらに、この活性酸素が作用して痛みの受容器を活性化

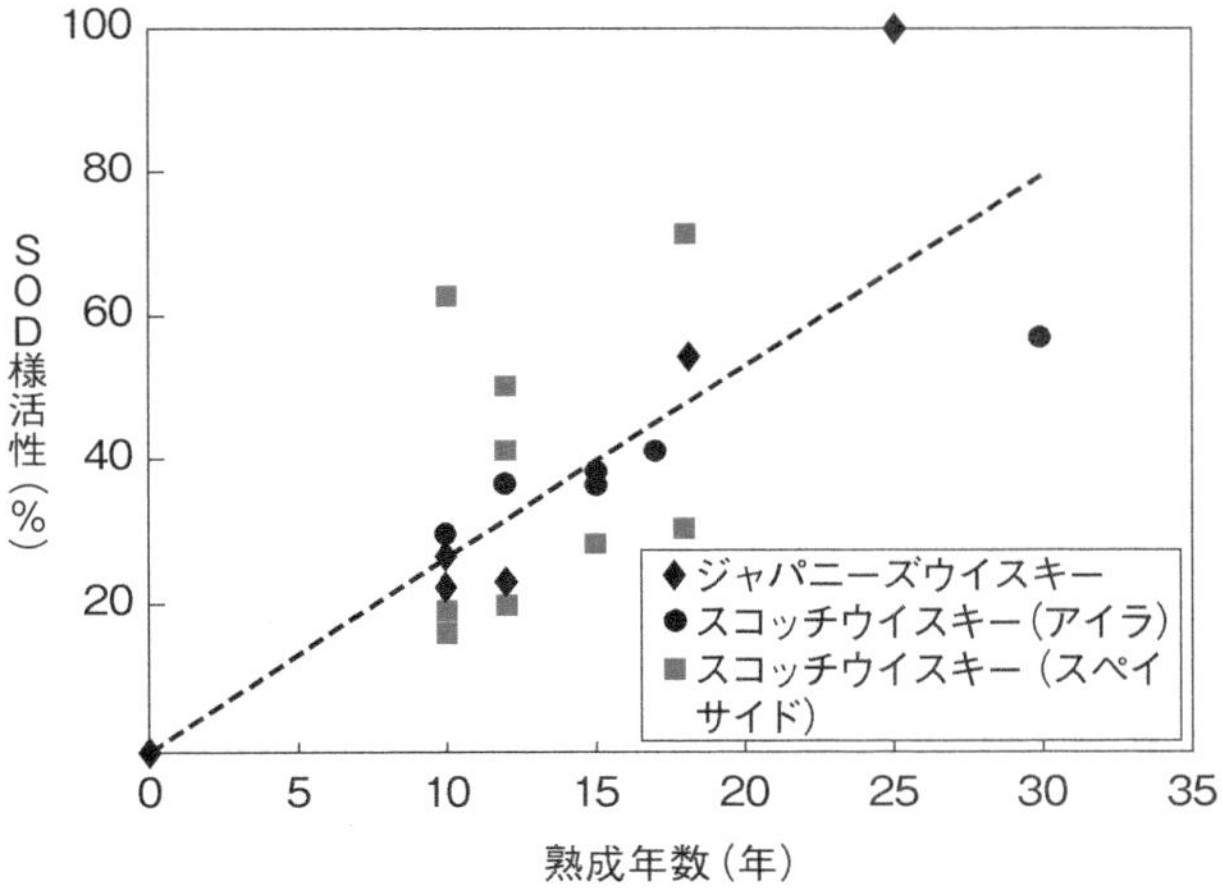

図14-7 シングルモルトウイスキーの熟成年数と活性酸素消去能
(活性酸素消去能はSOD様活性で評価した)

し、痛みに対する感覚を鋭敏にすること、また、炎症部位がある場合には活性酸素がそこに働きかけて痛みを増強させ、痛みの感覚を長引かせることも明らかになってきた。

程度の差はあっても、胃と同じ消化器系である口の中でも同様のことが起きているのではないだろうか。ウイスキーを飲んで血管が拡張した状態でエタノールによる「粘膜辛さ刺激」が起こると、活性酸素が発生すると考えられる。歯槽膿漏ぎみだったり、口の中にわずかでも炎症箇所があったりすると、活性酸素の発生はさらに顕著になるだろう。唾液PODによる瞬時の消去が不十分の場合もあるだろう。すると、エタノールによる「粘膜辛さ刺激」が増強したうえに長引く。その結果、エタノールの辛さが増して、しかも尾を引き、キレの悪い味質につながってしまうのではないだろうか。

ところが、ウイスキーは活性酸素を消去する活性が非常に強いことが知られており、その心配はないのだ。

図14－7は10～30年貯蔵のシングルモルトウイスキーの活性酸素消去能（SOD様活性）を示しているが、貯蔵年数とともに消去能が強くなっていることがおわかりいただけよう。これはスコッチ（スペイサイドとアイラ）とジャパニーズのウイスキーを評価した結果だが、貯蔵年数と消去能の関係は、地域の違いを越えて同じ傾向にある。

ウイスキーはSOD様活性だけではなく、POD様活性も強い。活性酸素消去能の活性はウイスキーコンジェナーによるもので、とくに、タンニン由来のエラグ酸、没食子酸、リグニン由来のリオニレシノール、シリングアルデヒド、バニリンの順で活性酸素の消去に寄与している。しかし、上位3成分の活性を合計しても、ウイスキーのトータルでの活性の約15～20％に相当する程度であり、これら以外のコンジェナー中のかなりの成分が消去能に寄与しているとみられる。分子量1万以上のフェノール成分の画分にも活性成分は存在しており、その寄与率は約15％だった。

活性酸素の消去能はいろいろな植物成分で知られており、近年は健康素材の効能のひとつとして注目されている。ウイスキーコンジェナーの活性酸素消去能の強さは、これらの健康素材に勝るとも劣らない、しかも、ウイスキーの熟成香味の発現にも大いに寄与していると考えられるのだ。

水カプセルを包む〝揺りかご〟

こうして見てくると読者は、ウイスキーの熟成とは、樽由来のウイスキーコンジェナーのはたらきがほとんどすべてであるようにも思えてくるのではないだろうか。

だが、決してそうではない。たとえばウイスキー原酒を蒸留して、ウイスキーコンジェナー（不揮発成分）を取り除いても、その蒸留液はまことによい香りなのだ。逆に、貯蔵前のニューポットにウイスキーコンジェナーを添加したところで、とてもウイスキー原酒にはならない。熟成とは決して、そのような単純なものではないのだ。

ただ、エタノールの持つピリッとした刺激が、ウイスキー原酒を蒸留した蒸留液では強まった感じがするし、そこにウイスキーコンジェナーを添加すると、刺激が穏やかになってゆく感じがするということはたしかにある。

熟成は樽由来成分のウイスキーコンジェナーだけでなしえるものではない。しかし、永年の貯蔵の間に徐々にウイスキー原酒に溶け出してきたオーク樽の成分が、60％エタノール溶液という場でさまざまな反応を繰り返したことでつくられた多様な成分群は、ウイスキーならではのものである。

それは繰り返せば、こうして形作られたウイスキーコンジェナー、とくにリグニンとタンニン由来の成分が、エタノールクラスターを取り囲む水和シェルの構造を安定化させる〝揺りかご〟のような役割を担っているのだろう。あるいは水和シェルというよりは〝水カプセル〟と呼ぶほうがイメージに近いかもしれない。ウイスキーコンジェナーという〝揺りかご〟によって安定化された〝水カプセル〟に包まれることで、エタノールクラスターは適度な「粘膜辛さ刺激」をわれわれに与えてくれる。そして、その「粘膜辛さ刺激」は単純なものではなく、エタノールと共存するさまざまなウイスキーコンジェナー成分の「粘膜刺激」に応じて刺激の程度や様子を微妙に変えて、多様な「甘さ」／「辛さ」バランスを表現させているのだ。さらには、エタノールの「粘膜辛さ刺激」によって発生すると考えられる活性酸素に伴う〝雑味〟も、ウイスキーコンジェナーは消去しているのだ。

ウイスキーコンジェナーは甘く重厚なすばらしい香りを持つだけではなく、このようにいろいろな形でエタノールの「粘膜辛さ刺激」にはたらきかけ、ウイスキーに独特の「まろやかさ」をもたらす営みに寄与しているに違いない。

そのことを考えるとき、樽による長期熟成というほかの酒にはないプロセスをもつウイスキーのすばらしさに、つくづく感服してしまうのだ。

「後熟」にひそむ謎

さて、長い熟成の時間を過ごしたウイスキー原酒がいよいよ製品となるにあたって、あと少しだけ、経由しなくてはならない工程がある。それが「ブレンド」と「後熟」だ。

エタノール濃度約60％のウイスキー原酒は、通常、原酒どうしが混和（ヴァッティング）されたあと、ブレンド（加水）され、37～43％の濃度に調整される。ブレンドに用いる水については、当然のことながら細心の注意が払われている。もちろん、無色・無味・無臭の水でなければならないのだが、それだけではないようだ。サントリーの前会長で、ながらくマスターブレンダーだった佐治敬三氏はその著書で、ウイスキーのブレンドに用いる水を「光におけるプリズムのようだ」と言い表している。これは、プリズムによって光が七色の虹を見せてくれるように、加水することによってウイスキーの香りが大きく広がるような水でなければならない、ということを意味しているのだろう。

ブレンドに用いる水は、その原酒が育った蒸留所の水が一番よいと昔からいわれている。育った地の水に遭遇することで、ウイスキーは思いきりその香りを広げることができるのだろう。

不思議なことに、ブレンドしたあと、ウイスキーの香味が落ち着くまでには、さらに数ヵ月以上を要することがウイスキー造りの現場で昔から指摘されている。ブレンドしてしばらく攪拌すれば、エタノール濃度は製品として求められるレベルで一定になる。しかし、それだけではまだ出荷できる状態になく、エタノールによる刺激的な味がまろやかな味に落ち着くまでに、まだ相当な時間を待たねばならないというのだ。この、ブレンドのあと出荷するまでの間にもう一度、貯蔵するこの工程を「後熟」と呼んでいる。後熟には長い場合で1年、短くても数ヵ月を要する。

なぜ、このようなまわりくどいプロセスが必要なのだろうか。水の場合、その水素結合は1秒間に約3000億~5000億回くらい切断したり、結合したりを繰り返している。水とエタノールを混合した場合も、混合後のエタノール溶液の構造は水素結合によって一瞬のうちに安定化するというのが、水素結合にのみ注目した、従来の一般的な考え方だ。この立場に立てば、加水された水とエタノールは一瞬のうちに均一になってしまうのだから、そのあとわざわざコストをかけて再貯蔵する後熟の工程など、意味がないことになる。

だが、現場でウイスキー造りにたずさわる人々の鋭敏な感覚による評価は、ときに科学的予測に反する。理屈では説明できなくても、自身による官能評価の結果を重んじて、彼らは後熟という工程を守り通しているのだ。いったい、加水してエタノール濃度が一定になったあとに、さらに何が起こっているのだろうか。これは〝後熟にひそむ謎〟としてわれわれの間ではよく話題になっている。

私自身は、この謎を解くカギもエタノール溶液の構造モデルにあるのではないかと考えている。加水されるまでの、エタノール濃度60％のウイスキー原酒においては、水・エタノール・樽由来成分による安定した溶液構造が形づくられていた。ところがブレンディングによって、溶液構造を取り巻く環境がエタノール濃度約40％という新たな状態に変化する。これに対応して、エタノールは新たに疎水的相互作用を介したクラスターを形成し、その周囲を水和シェルが覆いなおし、さらに樽由来成分が新しくできた構造を支える、といった分子レベルでの再編が起きているのではないだろうか。だとすれば、それが安定した状態に移行するまでにある程度の時間を要するとしても不思議ではないだろう。

後熟にこのような意味があることを、いちはやく官能評価によって言い当てていたのだとしたら、現場の慧眼《けいがん》はたいしたものだと敬服せざるをえない。〝後熟にひそむ謎〟も、そう遠くない日にヴェールを脱ぐことになるのかもしれない。

少し〝残念な〟工程

こうして後熟が終わればようやく、ウイスキーは一人前の製品として完成する。だが、その前に一つだけウイスキーは、「美酒を造る」というその本来の目的からはずれた工程を通過しなくてはならない。それが「低温濾過」という操作だ。

長い時間をかけてウイスキー原酒中に蓄積した樽由来成分の中には、60％の濃度のエタノール溶液にやっとの思いで溶けているものがある。それらの中には、ウイスキーが加水されて濃度が40％近くに薄められると、溶けにくくなって析出してしまうものもある。また、加水後も暖かい時季なら溶けているけれど、寒くなると析出してくる成分もある。

こういうことが起きないように、加水したあとに零度近くの低温でウイスキーをあらかじめ濾過して、析出が予想される成分を取り除いてしまうのが低温濾過だ。

ウイスキーをおいしくするうえでは、この操作はなんの意味も持たない。もとはと言えば「ウイスキーが濁っている」という消費者のクレームに対応して加えられたものなのだ。昔はこのようなことはしていなかったのだが、いまは一般消費者の声を気にして、ほとんどのメーカーがこの工程を入れている。

しかし、見た目の品質に配慮するあまり、せっかく時間をかけてできあがった樽由来の熟成成分を取り除いてしまうのは、もったいないことだと思う。われわれ消費者も、品質保証とは何を保証することなのかをもっとよく考えないと、結局はおいしいものやすばらしいものを楽しむ機会をみずから失ってしまうことになる。

もっとも最近では、過度な対応に反対する意見もあってか、低温濾過をしない製品も出てきている。寒い季節、ウイスキーの入ったグラスを眺めながら、「熟成成分が見える！」と楽しむおおらかさも必要なのではないだろうか。

第15章 ウイスキーは考えている

忘れたくない3つのキーワード

「能動的に待つ」ということ

ウイスキーに関するキーワードを3つあげよ、と言われたら、まず最初に「待つ」という言葉をあげたい。

前にも述べたように、ウイスキー造りの工程のなかで大麦の発芽から蒸留までに要する期間は、長くても1ヵ月だろう。10年貯蔵のウイスキーであるならば貯蔵期間は１２０ヵ月だから、じつに製造期間の99%以上は貯蔵期間ということになる。ウイスキーの基本的な性格、方向性は、製麦・仕込み・発酵・蒸留の各工程でさまざまな工夫がなされてニューポットができあがったところで、ほぼ決まっている。それでもやはり、そのニューポットが熟成してすばらしい品質に仕上がるように樽に入れ、「99%」の時間を費やしてひたすら待ちつづけるのだ。

「待つ」と言っても「受動的に待つ」場合と「能動的に待つ」場合とでは、その意味するところには大きな隔たりがある。「受動的に待つ」ということは、誰かの命令によって「待たされる」、あるいは自分の意思に反して「待たされる」ということにほかならず、それは決して楽しい行為ではない。極端な例をあげれば、刑期が終わるのを待つ受刑者、そこまでいかなくても、あの戯曲「ゴドーを待ちながら」にみられるように、目的もなくひたすら待ちつづける行為は、破滅にさえつながりかねない不条理の世界だ。

一方、「能動的に待つ」場合は、待つ者の明確な意志がある。それは将来に向けての期待や予測を持ちながら「待つ」ことであり、きわめて自覚的な行為だ。将来のことを思い描くには想像力を働かせなければならない。しかも「待つ」という行為は、自分から働きかけることを意図的に自制することでもある。想像力を持つことと、自制することは人間にとってきわめて知的な行為である。このように「受動的に待つ」ことと「能動的に待つ」ことの間には、天と地ほどの差があるのだ。

最近のＩＴ技術の進展は、ますますわれわれの社会を便利にしてくれた。便利さの指標の一つは「待たない」、「待たせない」ということだ。いまや私たちは「待たない社会」、「待たせない社会」をつくりあげてしまったともいえる。そのような社会は、たしかに「受動的に待つ」機会や人を減らすという点では評価できる。だが同時に、「能動的に待つ」機会や人をそぎ落とすという点では危惧すべき側面を持っている。それは、想像力や自制心というきわめて知的な要素を社会からそぎ落とすことにつながる。「待たない社会」、「待たせない社会」は、気づかぬうちに「待てない社会」に陥ってしまってはいないだろうか。

「桃栗三年、柿八年」という言葉があるように、待たなければ育たないもの、達成できないことがある。人は、人智を超えた時の流れにしか為しえない働きに対して、謙虚にならなければならない。しかし「待てない社会」は、そのことから目をそらそうとしている。

社会のそのような流れのなかで、10年後、あるいはそれ以上も先の品質を想像して、ひたすら待ちつづけるウイスキー造りとは、きわめて特異な営みであるといえる。何かを夢見て「待つ」ことの大事さを示す身近な象徴として、ウイスキーはじつに貴重な製品ということができるだろう。

「循環」のとてつもない力

10年後のウイスキー原酒を想像しながら貯蔵樽を注意深く観察していると、樽が息づいているのに気づく。周囲の環境の変化と呼応して、呼吸をしているのだ。貯蔵樽の呼吸の原動力は、大気と大地をとりまく2大循環系である水と空気の循環であることを知る。

人智を超えた、この循環の系の中に長く置かれながら、ウイスキーが育っていることを知ると、人はおのずから謙虚になる。容器である樽は、この循環を邪魔しないよう、十分に蒸留所の環境に慣らされた樽材で丁寧につくられる。そして人は、水と空気の循環が滞りなく進行するように心を配る。研ぎ澄ました感性を駆使して、ゆっくりではあるが着実にウイスキーが育っていることを確認する。

ウイスキーは、循環の系の中で変化してゆく。その内容は多岐にわたっている。酸化やエタノリシスによって、樽材成分が分解されてウイスキー成分の仲間入りをする。ウイスキー成分の化学変化（酸化・加水分解など）が起こる。できた成分どうしの反応（アセタール化・エステル化・縮合反応など）が起こる。熟成成分の形成とともにアルコールが表情を変える。

これらの変化の起動力は、水と空気が樽を通して出入りする反復の動きだ。ただの反復ではない。水と空気は、あくまでも清澄でなければならない。水と空気は大地と大気をめぐることによって清澄になる。だから樽を出入りする反復も、大地と大気をめぐる循環の系の中でのものでなければならない。そのときウイスキーは、循環の系と一体化する。それは少しずつではあるが、どれだけ時間が過ぎようとも確実に繰り返される。

こうしてウイスキーは水や空気とともに時間を「昇華」させ、「透明な時間」を過ごすことになる。そのことによって、やがては、荒々しいニューポットを見違えるようにまろやかなウイスキー原酒に変貌させる。この循環のとてつもない力を目の当たりにすることで、人はさらに「能動的に待つ」ことの大切さを知るのである。だからウイスキーに関する2番目のキーワードとして、私は「循環」をあげる。

「もの」ではなく「状態」

第1章でも紹介したが、坂口謹一郎博士がウイスキーの熟成した様子を表現するために用いた「美徳」という言葉は、まさに熟成の本質を言い当てていると思う。

ウイスキーの熟成中にできる成分は、それぞれがその特性をさまざまな形で発揮し、ウイスキーの香味形成に寄与している。たとえばフェノール化合物はバニリンのような華やかな香りと適度な渋みを持ち、ウイスキーの溶液構造を安定化させ、アルコールの味質をマイルドにし、キレをよくしていると考えられる。

しかし、フェノール化合物が多ければよいウイスキーかというと、必ずしもそうではない。調べてみると、フェノール化合物が少なくても品格があっておいしいウイスキーは結構ある。

ウイスキーには何千種類もの成分が含まれている。活性の強弱はあるにしても、その成分のひとつひとつがフェノール化合物と同じように多様な特性を発揮して、ウイスキーの香味形成に関与しているのだろう。実際、ウイスキー中の不揮発成分を分子量別に分けてみても、10万以上の成分から1000以下の成分まで、じつに幅広く分布している。しかも、成分群は独立して個性を発揮しているわけではなく、成分どうしが互いに関わりあいながらウイスキーを性格づけているのだ。水とエタノールの構造化に寄与する樽由来成分群はそのよい例だろう。

蒸発してゆく揮発成分も、いくつかの分子が会合しているという。エタノール分子の会合体、水分子の会合体、水を取り込んだエタノールのクラスター、種々のエステル成分を取り込んだエタノールクラスター。それらの存在を、実際に私たちは測定器を用いて計測はしている。とはいえ、測定で見えるものはほんの一部に過ぎない。実際には無数の揮発成分が、さまざまに相互作用をしながら存在していて、われわれの嗅覚を刺激しているのだろう。揮発成分でさえそうなのだから、溶液状態のウイスキーに含まれる無数の不揮発成分どうしの相互作用を考えると、気が遠くなるような気分に襲われる。

むかし聞いた、インドの民話を思い出す。目が見えない7人の男が象の「かたち」をめぐって、口論をしている。鼻を触った1人は「象とはホースのようなものだ」と言い、脚を触った1人は「いや、象は丸太のようなものだ」と言う。さらにお腹を触った1人が「おまえたちは何を言っているのだ。象はカベみたいなものだぞ」と言って、ついに喧嘩が始まる話だ。

ウイスキーの熟成もこれに似たところがある。熟成には、これと決まった「かたち」はない。この本で紹介したことも、真実ではあるが、それがすべてではない。むしろ、ほんの一部に触れただけかもしれない。その本質は、「ホース」や「丸太」や「カベ」の向こうに息づいているのだ。

なにしろウイスキーには、これを加えればおいしくなる、まろやかになる、という特効薬がない。熟成中に生成した無数の成分がウイスキーを形づくり、品格を与えているのだ。それが坂口博士の言われた「美徳」というものなのだろう。ウイスキーは、ある部分を取り出して、「これが熟成の本体です。重さは何グラムです」と言うことはできない。しかし、熟成した状態のウイスキーは目の前にある。確かに存在している。そもそも、ウイスキーの熟成には「もの」としての「本体」はないのだ。あるとすれば、そこに存在している熟成した状態こそが「本体」なのだ。だから、ウイスキーに関する3つ目のキーワードをあげるならば「状態」だろう。ウイスキーは「状態の酒」だ。状態は確かにあるが、その「かたち」をつかみとることはできない。

ウイスキーは考えている

こうしてウイスキー片手に思いをめぐらしていると私は、ショットグラスの中の琥珀色の液体に向かって「おぬし、考えているな」と語りかけたくなる。ウイスキーが思い出させる3つのキーワードは、日々の時間に追われている私自身に向けられたメッセージにも思えるからだ。

「待てない社会」である現代社会は、同時に「もの」中心の社会でもある。ともすれば、つかみとることができる「もの」、あるいは量りとることができる「もの」に意味があるという価値観に向かいやすい。それら価値ある「もの」を手にするという明確な目標に向かって、短期間に、すばやく、直線的に動くことがわれわれ現代人の行動規範になりがちなのは否めない事実だ。しかし、われわれは芳醇なウイスキーを口にするとき、「待つ」人と、「循環」する自然に見守られながらウイスキーが到達した熟成という「状態」のすばらしさを実感することができる。ウイスキーは、人智を超えた時の流れと、大気と大地との壮大な営みに思いを至らせてくれる。そして、日々の生活のなかでつい見過ごしてしまっていることの大切さを思い出させてくれる。

状態の酒、ウイスキーは考えている。

おわりに

夜、一人でウイスキーを飲みながらぼんやりとしているときは、私にとって至福の時間だ。そんなときにあの、かつてよくウイスキーのCMで流れていた歌を口ずさむことがある。ドンドンディドン……。小林亜星氏作詞・作曲の「人間みな兄弟~夜がくる」。このメロディーとともにウイスキーを飲んでいると、全身がゆったりとほぐれてゆき、心優しい気分にしてくれる。「そうだ、人間はみな兄弟なのだ。同時代を過ごす兄弟なのだ」と。

ウイスキーは人の心を優しくしてくれる酒だ。このことは前著『ウイスキーの科学』でも書いたけれど、私のウイスキーへの思いはあれから10年近く経ったいまも変わらない。

しかし、この間にウイスキーを取り巻く環境は大きく変わった。四半世紀続いた市場の縮小は、ちょうど前著が出版された頃を境に反転し、その後は拡大基調が続いて、現在に至っている。いまや、ジャパニーズへの国際的評価は確かなものとなった。

このジャパニーズの動きをみるにつけても、ウイスキー造りの面白さとウイスキーの持つ熟成のすばらしさには、「やっぱりな」といった確信めいたものを感じられた。そして、前著で書き足りなかったこと、書ききれなかったことを埋めたいという思いに駆られた。その思いを込めて、大幅に前著に加筆したのが本書である。

私自身は、製造現場の一員としてウイスキー造りに汗を流した経験はない。その周辺でウロウロし、感心し、びっくりし、そして少し知恵をしぼったというのが本当のところだ。執筆にあたっては、経験豊かな諸先輩の文献、書物、ご高説の多くを参考にさせていただいた。ここに敬意を表し、感謝する次第である。

本書の上梓に当たっては、前著でお世話になった方々に重ねて感謝したい。まず、元サントリー（株）基礎研究所所長・前近畿大学教授の吉栖肇博士にお礼を申し上げたい。「ウイスキーの熟成について研究してみないか。とくに、水とアルコール、人が気づかんところから攻めるんや」という関西弁がいまも耳に懐かしい。前著に続いて変わらぬ励ましとアドバイスをくださったサントリースピリッツ（株）・名誉チーフブレンダーの輿水精一氏には、心から感謝している。輿水氏の助言がなければ前著の完成もなく、したがって本書の上梓もなかった。元サントリー（株）取締役・山崎工場長であり、白州工場を建設された嶋谷幸雄氏にも、前著と同様、折にふれ優しいアドバイスと貴重なウイスキー造りのお話をいただいた。現在もジャパニーズ全体の品質向上をめざして尽力されている嶋谷氏の一言一句からは、多くのことを学ばせていただいた。あらためて、お礼を申し上げたい。酵母液胞の貴重な写真の掲載をお許しくださったサントリースピリッツ（株）の四方秀子博士にもお礼を申し上げる。また、米澤岳志博士・四方博士の研究成果には心から敬意を表する次第である。前著に引き続き本書12章と14章の執筆にあたっては、東海大学名誉教授の榊原学博士に貴重なアドバイスとご教示をいただいた。13章の執筆にあたっては、自然科学研究機構・分子科学研究所前教授の西信之博士からご教示いただいたことを参考にした。両博士に深甚なる謝意を表したい。さらに、ウイスキーポリフェノールなどの熟成成分の性質や働きをめぐって種々ご教示いただいた近畿大学農学部教授白坂憲章博士および長崎大学薬学部教授田中隆博士に心から謝意を表したい。また、前著上梓の際にご尽力いただいたサントリーホールディングス（株）執行役員・広報部門管掌濱岡智氏、サントリースピリッツ（株）ブランデー室長・チーフブレンダー福與伸二氏はじめ、ブレンダー室の皆様にあらためて感謝したい。とくに、当時お世話になった藤井敬久氏は現在、山崎蒸溜所の工場長としてウイスキー造りの先頭に立っておられるし、山田祐理さんは樽材を有効活用する取り組み（樽ものがたり）で頑張っておられる。両氏に敬意を表する。本書の写真の多くはサントリースピリッツ（株）のご協力によるものである。あらためて謝意を表する。最後に編集部の山岸浩史氏には、前著に引き続き、今回も大変にお世話になった。山岸氏の親身なアドバイスとご尽力がなければ本書が出版に至らなかったことは、前著上梓の際と同じである。心から感謝を申し上げる。

２０１８年１月

古賀邦正

ウイスキーについてのよくある質問

本書はおもにウイスキーの製造工程を見ていくことで、ウイスキーの面白さを知っていただく趣旨で書き進めたが、最後に少し、実際に読者がウイスキーを楽しむための手引きとなるような話もしておきたい。日頃、私がよくうける質問に答える形で進めていこう。

Q1 ウイスキーに賞味期限はある？

もっとも多いのがこの質問。答えから言えば「ない」でさしつかえないだろう。製品となったウイスキーは、少なくとも10年は品質が変わらないとされている。それだけ経てば、賞味する飲み手のほうが変わってしまう。

品質劣化の一番の危惧は微生物汚染だが、ウイスキーの場合、アルコール濃度が40％以上あるのでこの心配はない。次に心配な酸化による劣化も、ウイスキーの容器は香気成分やアルコールが蒸散しないようしっかりつくられていて、外からの酸素も入りにくいため、まず起こらない。しかもウイスキーには酸化の原因と考えられる活性酸素を消去する力が強い。これは、ウイスキーポリフェノールと呼ばれる樽由来成分の力に負うところが大きい。例のタンニン由来の化合物群だ。

ただし、直射日光や高温は避けたほうがよい。また、ナフタリンや石鹸などの香りが強いものの近くに長期間置くと、風味が落ちたり移り香がついたりする場合はある。

むしろ心配なのはウイスキーの品質劣化よりも、容器の品質劣化だ。ウイスキー容器の栓はコルクの場合も多いが、10年も経てば傷んでくることがある。コルクが縮んで栓がゆるくなったり、崩れたりしてしまうのだ。それでもウイスキーの品質が大きく変化することは少ないが、そうなる前に飲んでしまうことをおすすめする。

Q2 ウイスキーは買ってから置いておくとおいしくなる？

次に多いのがこの質問だ。賞味期限の心配をしている人に、なぜそんなに置いてあるのかと聞くと「おいしくなるかもしれないと思った」という答えが返ってくることがある。しかし、これも当たらない。ウイスキーは樽に貯蔵している間は12年くらいまでは確実に品質がよくなるが、樽から出され瓶詰めされた製品では、樽の中で起きたような各成分の相互作用が安定化するため、置いておいても品質が大きく変わることはない。

Q3 「水割り」は正しい飲み方ではない？

非

常に長い間、樽で貯蔵してできたウイスキーを、ほかのものを混ぜて飲むというのはあまりにもったいない、というのが私の素直な感覚だけれど、近頃では、飲み方について過度にこだわるのはよくないのかな、とも思っている。ブレンダーがウイスキーを評価するときも、水で1対1に割って評価している。「トゥワイス・アップ」と呼ばれる飲み方で、香りの広がり方を感じるにはそれがよいのだそうだ。長い時間をかけてつくられた熟成状態が、新しい条件で花開く、その「変化」を楽しむのも味わい方の一つだな、と感じている次第である。料理の場合でもわれわれは、食べ進むにつれて温度や成分や姿形が変化していくのを楽しんでもいるのだから。

たまには氷を入れた水でなく、常温の水で割ってみるのも面白い。意外にも、多彩な香りが楽しめる。

Q4 水で割るほかにおいしい飲み方がある？

ウ

イスキーとベルモットのカクテルであるマンハッタンは結構おすすめだ。アイリッシュウイスキーとコーヒーを組み合わせた、アイリッシュコーヒーと呼ばれるカクテルもある。寒い季節には紅茶やコーヒーにウイスキーを少し加えると、味の広がりが心も温めてくれる。

昔、ウイスキーをコーラで割る「コークハイ」が爆発的に流行ったことがある。当時は「ウイスキーをあの甘いコーラで割るなんて」と、苦々しく見ていたが、いまは「まあ、そういうのもありかな」と思えてきた。こういうのは〝年の功〟というのだろうか。

ウイスキーと気軽につきあいたいときは炭酸水で割る「ハイボール」（ウイスキーソーダともいう）に限る。若い頃、大阪に住んでいたことがある私は、仕事が早く終わるとよくお初天神近くの「サンボア」というバーに立ち寄った。まだ黄昏どきにスタンドで冷たいハイボールをいただくのは、何ともいえない。しかも無口なバーテンダーが「どうですか」と夕刊を差し出してくれて、黄昏時、ハイボール、夕刊という組み合わせにすっかりはまってしまった。ずっとあとで知ったのだが「サンボア」はハイボール発祥の地なのだそうな。

ハイボール用の炭酸水はなぜか、天然水に人工的に炭酸ガスを吹き込んだものが適している気がする。たまにワインをヨーロッパ産の天然炭酸水で割って飲むことがあるので、同じものでハイボールを作ってみたが、これはどうもスキッとしないのだ。

ウイスキーにもハイボールに適したものとそうでないものとがあるようだ。サントリーの「ホワイト」や「角」は、いずれも値段は手ごろだが、私の場合はこのあたりのもので作るのがおいしく感じる。もっと高価なウイスキーだと、かえってぱっとしないのだ。ただあるとき、わがウイスキーの師である友人が、アイラ島シングルモルトのハイボールをすました顔で注文していたので私も真似してみたら、これは結構いけた。スモーキーフレーバー独特の煙っぽい香りが快く、違ったタイプのハイボールを楽しめた。なにごとも、ものは試しだ。

Q5 ウイスキーは料理を食べながら飲んでもよい?

食事をしながらウイスキーを飲むことに、違和感を持たれる方は意外に多いようだ。どうしてもバーで静かに飲むイメージが強く、そのとき口に入れるものとして連想されるのはせいぜい、定番の「つまみ」としてのチョコレート、ナッツ類、ドライフルーツ類くらいだからだろうか。

しかし、料理の味わいの濃さに合わせて、水やソーダを加えて濃度を調節できるウイスキーは、じつは食中酒に適している。とくに、味噌やしっかりと出汁《だし》のきいた味の濃い料理はウイスキーと相性がよいようだ。中華や揚げ物など、油っこい料理にはハイボールが合う。また、牡蠣《かき》にぜひおすすめしたいのがボウモアなどの、スモーキーな香りの強いモルト。絶妙の組み合わせは、驚くほどである。

食事のときはもっぱらビールかワイン、という方には、ぜひウイスキーをローテーションに加えることをすすめたい。〝食事の友〟が一人ふえることは、人生の楽しみが一つふえることでもある。

参考書籍

坂口謹一郎著「愛酒樂酔」（講談社文芸文庫　１９９２）
梅棹忠夫・開高健監修「ウィスキー博物館」（講談社　１９７９）
土屋守著「シングルモルトを愉しむ」（光文社新書　２００２）
河合忠著「琥珀色の奇跡」（現代創造社　２００７）
嶋谷幸雄著「ウイスキーシンフォニー」（たる出版　１９９８）
佐治敬三著「洋酒天国」（文藝春秋　１９６０）
廣松恭幸・山下喜史・菊川雅也ほか著「酒の社会史」（アルコール健康医学協会　１９９７）
土屋守著「改訂版 モルトウィスキー大全」（小学館　２００２）
橋口孝司著「ウイスキーの教科書」（新星出版社　２００８）
輿水精一著「ウイスキーは日本の酒である」（新潮新書　２０１１）
嶋谷幸雄・輿水精一著「日本ウイスキー世界一への道」（集英社新書　２０１３）
菅間誠之助著「焼酎のはなし」（報文社　１９８４）
加藤定彦著「樽とオークに魅せられて」（ＴＢＳブリタニカ　２０００）
山口瞳・開高健著「やってみなはれ　みとくんなはれ」（新潮文庫　２００３）
山本隆著「脳と味覚」（共立出版　１９９６）
西信之・佃達哉・斉藤真司・矢ヶ崎琢磨著「クラスターの科学」（米田出版　２００９）
水島昇著「細胞が自分を食べるオートファジーの謎」（ＰＨＰ研究所　２０１１）
Jorma O. Tenovuo（石川達也・高江洲義矩　監訳）「唾液の科学」（一世出版　１９９８）
Hildegarde Heymann, Susan E. Ebeler, Sensory and Instrumental Evaluation of Alcoholic Beverages

(Elsevier, 2016)

参考文献・総説

J. R. Piggott, R. Sharp, R. E. B. Duncan（Edit.）, The Science and Technology of Whiskies, Longman Scientific & Technical（1989）

S. Beek, F. G. Priest, Evolution of the Lactic Acid Bacterial Community during Malt Whisky Fermentation: a Polyphasic Study, Applied and Environmental Microbiology, 68（1）, 297-305（2002）

鰐川彰「モルトウイスキーへの乳酸菌とビール酵母の関与」（日本醸造協会誌　98〈4〉、241-250　2003）

四方秀子「酵母特性がウイスキー原酒特性に及ぼす影響」（日本醸造協会誌　101〈5〉、315-323　2006）

K. Nishimura, M. Masuda, Minor Constituents of Whisky Fusel Oils, J. Food Science, 36, 819-822（1971）

増田正裕・杉林勝男「ウイスキーの香り」（日本醸造協會雑誌　75〈6〉、480-484　1980）

J. M. Conner, A. Paterson, J. R. Piggott, Release of distillate flavor compounds in Scotch malt whisky, J. Sci. Food & Agric., 79, 1015-1020（1999）

I. Matsumoto, K. Abe, S. Arai, Molecular logic of alcohol and taste, Jpn. J. Alcohol Studies & Drug Dependence, 41（5）, 431-444（2006）

田辺正行・中川圭一「ウィスキーの味覚」（化学工業　2、10-16　1997）

増田正裕・小村啓「ウィスキーの味、香り（その1）香味成分とその由来」（日本醸造協会誌　88〈1〉、29-33　1993）

K. Egashira, N. Nishi, Low Frequency Raman Spectroscopy of Ethanol-Water Binary Solution: Evidence for Self-association of Solute and Solvent Molecules, J. Phys. Chem. B, 102, 4054-4057（1998）

N. Nishi, K. Koga, C. Ohshima, K. Yamamoto, U. Nagashima, K. Nagami, Molecular Association in Ethanol-Water Mixtures Studied by Mass Spectrometric Analysis of Clusters Generated through Adibatic Expansion of Liquid Jets, J. Am. Chem. Soc., 110, 5246-5255（1988）

P. Boutron, A. Kaufmann, Metastable states in the system water-ethanol. Existence of a second hydrate; curious properties of both hydrates, J. Chem. Phys., 68(11), 5032-5041（1978）

R. W. Cargill, Solubility of Oxygen in some Water + Alcohol Systems, J. Chem. Soc. Faraday I, 72, 2296-2300(1976)

古賀邦正「酒精水溶液と酒類の物理化学的性質」(日本食品工業学会誌　26〈7〉、３１１－３２４　１９７９)

K. Koga, H. Yoshizumi, Differential Scanning Calorimetry(DSC) Studies on the Structures of Water-Ethanol Mixtures and Aged Whiskey, J. Food Science, 42(5), 1213-1217（1977）

K. Koga, H. Yoshizumi, Differential Scanning Calorimetry(DSC) Studies on the Freezing Processes of Water-Ethanol Mixtures and Distilled Spirits, J. Food Science, 44(5), 1386-1389（1979）

K. Otsuka, Y. Zenibayashi, M. Itoh, A. Totsuka, Presence and Significance of Two Diastereomers of β-Methyl-γ-octalactone in Aged Distilled Liquors, Agric. Biol. Chem., 38, 485-490（1974）

駒井三千夫「口腔内の一般体性感覚と味覚」New Food Industry, 37(5), 55–64（1995）

K. Koga et al., Reactive oxygen scavenging activity of matured whiskey and its active polyphenols, J. Food Science, 72, 212-217（2007）

K. Koga et al., Profile of non-volatiles in whisky with regard to superoxide dismutase activity, J. Biosci. Bioeng., 112, 154-158（2011）

S. Sus et al., Leaky Gate Model: Intensity-Dependent Coding of Pain and Itch in the Spinal Cord, Neuron, 93(4), 840-853 (2017)

D. Gazzieri et al., Substance P released by TRPV1-expressing neurons produces reactive oxygen species that mediate ethanol-induced gastric injury, Free Radic. Bio l. Med., 43(4), 581-589 (2007)

【ま行】

【や行】

【ら行】

【わ行】

【アルファベット】

【た行】

【な行】

【は行】

さくいん

N.D.C.588　286p　18cm

ブルーバックス　B-2047

最新《さいしん》　ウイスキーの科学《かがく》

熟成の香味を生む驚きのプロセス

2018年 2 月20日　第 1 刷発行
2024年 7 月10日　第 6 刷発行

著者　古賀邦正《こがくにまさ》
発行者　森田浩章
発行所　株式会社講談社
〒112-8001 東京都文京区音羽2-12-21
電話　出版　03-5395-3524
販売　03-5395-4415
業務　03-5395-3615

印刷所　(本文表紙印刷) 株式会社ＫＰＳプロダクツ
(カバー印刷) 信毎書籍印刷株式会社
製本所　株式会社ＫＰＳプロダクツ

ISBN978−4−06−502047−0

発刊のことば

科学をあなたのポケットに

二十世紀最大の特色は、それが科学時代であるということです。科学は日に日に進歩を続け、止まるところを知りません。ひと昔前の夢物語もどんどん現実化しており、今やわれわれの生活のすべてが、科学によってゆり動かされているといっても過言ではないでしょう。

そのような背景を考えれば、学者や学生はもちろん、産業人も、セールスマンも、ジャーナリストも、家庭の主婦も、みんなが科学を知らなければ、時代の流れに逆らうことになるでしょう。

ブルーバックス発刊の意義と必然性はそこにあります。このシリーズは、読む人に科学的に物を考える習慣と、科学的に物を見る目を養っていただくことを最大の目標にしています。そのためには、単に原理や法則の解説に終始するのではなくて、政治や経済など、社会科学や人文科学にも関連させて、広い視野から問題を追究していきます。科学はむずかしいという先入観を改める表現と構成、それも類書にないブルーバックスの特色であると信じます。

一九六三年九月

野間省一